数学的思考ができる人に世界はこう見えている

［ガチ文系のための「読む数学」］

明治大学教授
齋藤孝

祥伝社

はじめに　文系にだって数学は役に立つ

パワーワード「微分」を手に入れよう！

文系のみなさん！

微分《びぶん》がわかればうれしくないですか?!　微分、できればわかりたいですよね！

「微分っていうのはね……」「微分的に言うと……」と言ってみたいですよね！

読んだあとで、会話の中に微分というパワーワードが出てきてしまう。この本は、そういう本です。読まない手はありません。

「この数式にどんな意味があるのかわからない。それでついていけなくなりました」

「公式覚えたって、普段使わないし、役に立たないでしょ」

いわゆる「文系」に属する人たちの多くは、中学・高校時代にそんな疑問を抱いたり、挫折を味わったことがあると思います。

足し算や引き算やかけ算の九九はできないと生活する上で困るので、小学校で習う「算数」が役に立たないという人はあまりいません。

ところが中学校で習う関数や三平方《さんへいほう》の定理、高校で習う微分積分といった「数学」になると、急に抽象度が上がるので、その数式やグラフがいったい何を言わんとしているのか、わからなくなる。

文系人間が「数学を使わない生活」を始めるのは、社会に出てからではありません。大学に入った時点で、文系にとって数学は無縁のもの。経済学のように数学を使う文系分野も少しはありますが、大半の文系学部では数学に関わる必要がないでしょう。

さらにいえば、私立大学の文系学部に入った学生のかなりの割合は、受験科目として数学を諦《あきら》めています。国公立大学を受ける人はセンター試験のために数学を勉強する必要がありますが、いまは「私大文系」に絞って国語・英語・社会の受験勉強しかしない人も多いのです。

私はまさにその私大で教えているので、理系学生と文系学生の数学力の違いをよく知っています。私自身は文学部の所属ですが、教職課程の担当なので教える相手は文系の学生だけではありません。教員になるための授業では、理系・文系を問わず、さまざまな学部から集まる学生を一緒に教えています。

その教室で、何かの拍子に理系の学生が関数や微分積分の話をすることがあります。とはいえ、そんなに難しい話ではありません。黒板に数式を書き始めたりするわけではなく、ちょっとした説明の道具として数学の概念を持ち出すだけです。

彼らにとって、それはごく日常的なことにすぎません。たとえば世のおじさんたちが会社の組織論を語るときに、比喩《ひゆ》としてスポーツの話を持ち出すような感覚でしょうか。

ところが文系の学生の中には、そういう概念を持ち出された瞬間にポカンとして、話が理解できなくなる人がいます。一方の理系学生も「えっ、高校で習ったことなのに、これぐらいのことでも話が通じないのか……」と驚いてしまう。そんな様子を、私は何十年も見続けてきました。

これは、たいへん残念なことです。**理系か文系かにかかわらず、数学の考え方を使うことで物事の理解が進むことはたくさんあります。**

スポーツにたとえることで、難しい話が「ああ、なるほど」と直観的に飲み込めるのと同じこと。**漠然としてつかみどころのない物事が、数学の考え方を使うことでクッキリと手に取るようにわかることが、私たちの身の回りにはいくらでもあるのです。**

文系にとっての「砂金」のような数学

私自身も根っからの文系人間だと思っていますが、日々、微分や関数などの数学を活用して物事を考えています。

もちろん、数式を書いて正解を求めるわけではありません。あくまでも、**考えるときの入口やヒントとして、数学の概念を使うのです。**

いうまでもありませんが、私が身につけている数学の知識は、理系の研究者のみなさんと比べれば大人と子どもぐらい違うでしょう。受験生のときに、当時の共通一次試験や東大の二次試験のために数学を一生懸命に勉強した程度です。また、受験に必要なのは数Ⅱまででしたが、高校では数Ⅲまでひととおり習いました。

当然ながら、それをすべて覚えているわけはありません。いまのセンター試験や東大の二次試験の問題を解いてみろといわれたら、苦戦します。

でも、頭の中から数学がきれいさっぱり消えてなくなることはありませんでした。問題を解くのに覚えたはずの知識やテクニックの多くが忘れ去られた一方で、私の中にしっかりと残った数学もあります。私にとって数学は、単なる「受験科目」ではなかったということでしょう。

受験を終えても残ったものは、いわば私にとっての**「数学的な砂金」**のようなものです。川底に溜まった砂を専用の道具に入れて水で洗い流すと、比重の重い砂金だけが残ります。それと同じように、高校までに勉強した数学の中には、文系の私にとって比重の重いものがありました。それが、**数学的な思考法**です。

理系の人たちがこれを聞いたら、「数学はすべて大事な砂金だ！」と叱《しか》られてしまうかもしれません。たしかに、自分が忘れたものを「ただの砂」というのもいささか不遜《ふそん》なことではあります。

しかしそこは、文系の限界だと思って許していただくしかありません。

大事なのは、**数学とは無縁だと思われがちな文系人間にも、砂金のように価値のある数学があるということ。**どんな仕事に就こうが、それが役に立つ場面は必ずあります。

身の回りの問題を解決するための「タテガキ」の数学

たとえば中学校で教わる「2次方程式の解《かい》の公式」は、試験で良い点を取るためには絶対に覚えなければならないものでした。
本書ではなるべく数式を出さない方針ですが、懐かしさを味わっていただくために(?)ちょっと見てみましょう(図1)。

念のためいっておくと、式01のxは未知の数で、a、b、cは定数《ていすう》(定数とは、1とか2といった具体的な値のこと)です。その定数がわかっていれば、それを式02に代入《だいにゅう》するとxが求められるという次第。ちなみに、「2次方程式」とは、「xの2乗《じょう》までを含む方程式」の意味です。ついでに「方程式」と「2乗」をおさらいしますと、「方程式」とは、未知の数xを使った等式(イコール＝

図1

【2次方程式の一般形】(式01)

$$ax^2+bx+c=0$$

【解の公式】(式02)

$$x=\frac{-b\pm\sqrt{b^2-4ac}}{2a}$$

〔等式〕で結んだ式）のことで、「xの2乗」とはxを2回掛けた値（$x^2=x\times x$）のことですね。思い出していただけたでしょうか？　みなさん、中学生時代にこの公式を使ってxの値を計算したことがあるはずです。

でも、これを覚えていないからといって、ほとんど人は日常生活でも仕事でも何も困ることはないでしょう。ごく一部の人たち（たとえば数学の先生とか）を除けば、解の公式は何の役にも立ちません。

もちろん、何らかの事情でこれから数学のテストを受けて良い成績を取りたい人には、この公式が必要です。テストを受けないまでも、素朴な好奇心や向上心から、あらためて数学の勉強をやり直したいという人もいるでしょう。そういう人は、解の公式を丸暗記するのではなく、この公式を導き出すところから学び直すと楽しいと思います。

しかし、いまのうちに申し上げておくと、本書はそういう人たちのために書かれたものではありません。

むしろ、**「数学のテストなんて二度と受けたくない」「もう数式と格闘するのはまっぴらだ」などと思っている文系のみなさんに、文系の私が数学の活用法を提案する本です。**2次方程式も解の公式もこのページを最後に登場しないので、どうぞご安心ください。数式そのものはどうしても少しは出てきますが、基本的に**「タテガキの数学」**の本ですので、説明に必要な最低限度にとどめます。

そんなわけで、この本を読んでも数学の問題に答えを出すことはできません。でも、**数学のさまざまな考え方を身につけることで、身の回りの問題に対する理解を深め、それを解決するための「答え」に近づけるようになるはずです。**

2020年2月

齋藤《さいとう》　孝《たかし》

Contents

目次

Contents

Contents

装丁・tobufune／本文デザイン・デジカル／イラスト・須山奈津希
DTP・キャップス／編集協力・岡田仁志

1章

微分

数学的思考の「華《はな》」を徹底的に使いこなす

文系を振り落とし理系を感動させる微分

文系人間（文系でも数学ができる人はいますが、ここでは単純化します）が数学から脱落するのは、いつでしょうか。

人によってさまざまだとは思いますが、中学校の数学までは「何の役に立つんだ」とブツブツ言いながらも「脱落」まではせず、何とかついていった人が多いでしょう。いまは高校進学率が99％近いのですから、数学の受験勉強は中学生時代にほとんどの人がやったはずです。

だとすれば、多くの文系人間が脱落するのは、やはり高校の数学でしょう。

高校の数学にもいろいろな単元がありますが、その中でもいちばん多くの人を振り落とすと思われる最大の関門が「微分積分」です。これはもう、文系にとって「意味のわからない数学」の代名詞のような存在だといっても過言ではありません。

しかしその一方で、理系の人たちにとっては、微分積分が高校数学の「華《はな》」のようなもの。そこで脱落した人には信じられないかもしれませんが、**とりわけ微分は、それを理解した人間に「数学はすごい」という感動を与えてくれる分野です。**

微分がわかると、「高校まで数学を学んで良かった」という手応えを得ることができる。文系が門前払いのような形で脱落した微分に、理系はそんな喜びさえ感じているのです。大学でお互いに話が通じなくなるのも無理はありません。

ただし、そこで数学から脱落した人が多いとはいえ、微分は試験で0点を取ることがほとんどあり得ない分野としても知られています。その意味がさっぱりわからなくても、ある計算の約束事さえ覚えておけば、何点かは取れるからです。

その約束事とは、「何かを微分しろといわれたら、肩に乗っている指数《しすう》を前に下ろして、肩の数字から1を引け」というもの。たとえば「x^2を微分せよ」という問題を見たら、指数の2をxの前に出して、肩の上の2から1を引く。つまり「x^2の微分」の答えは「2x」ということになります。

微分のテストでは、こんな小問がたいがい3つか4つは出されるので、正解を書いて丸をもらうのは難しくありません。出題する先生のほうも、おそらくサービス問題としてそれを出しているのでしょう。

でも、試験でいくらか点数が取れたからといって、微分が「わかった」ことにはなりません。日常生活でも、それは何の役にも立たないでしょう。たまたまどこかで「x^2」を見かけて、「よーし、微分しちゃうぞ」と意気込んだり、人に「あれの微分は2xなんだぜ」と得意気に教えたりする人はいないと思います。

もちろん理系のみなさんも、そんな計算の約束事に「感動」しているわけではありません。**感動するために大事なのは、計算のための約束事を覚えることではなく、微分の本質をつかむことです。**

0点を回避できる計算方法さえ忘れてしまった文系人間も多いでしょうが、微分の本質を理解したいなら、それを思い出す必要もありません。いま紹介したばかりですが、もう忘れてけっこうです。

株式投資の専門家はなぜバブル崩壊を予想できたか

では、微分の本質とは何でしょうか。

それは、**「ある瞬間の変化率」**です。変化率といわれてもピンとこなければ、**ある瞬間における変化の「勢い」のようなもの**だと思えばいいでしょう。**それを見極めようとするのが「微分的思考」です。**

たとえば物価や株価、子どもの学業成績、楽器やスポーツの上達度など、私たちの身の回りにはさまざまな「変化」が起きています。しかし、何らかの変化が起こることはわかっていても、**これからその変化がどのような勢いで進むのかは簡単にはわかりません。**

たとえば長い時間をかけて株価が昨日まで右肩上がりに推移してきたとしても、今日もこれまでと同じ勢いがあるかどうかはまた別の話です。

これについては、私自身、かつて大失敗を経験しました。いまから30年以上前の大学院生時代のことです。

世の中はバブル景気に浮かれていましたが、大学院生の私はほぼ無収入。バブルとはまったく無縁な生活で、ひたすら本を読んで研究に取り組む日々でした。しかしそれでも、景気のいい話は耳に入ります。みんなが「株が上がる、株が上がる」「いま株を買わない人はどうかしている」などと盛り上がっているので、株式投資には何の興味もなかったにもかかわらず、気になってソワソワしてしまいました。

収入はほとんどありませんが、貯金がないわけではありません。小さい頃から欲しい物も買わずに我慢して、コツコツと貯金していたお年玉があります。

いまから思えば、魔がさしたとしかいいようがありません。私は何十万円かあったお年玉貯金をはたいて、ある大企業の株を買いました。超優良企業ですから、そんなに大儲けはしないかもしれませんが、損をすることはないだろうと思ったのです。

ところが、年末に買った株の価格が、年始には信じられない勢いで急降下しました。世にいう「バブル崩壊」です。

崩壊するまで誰もそれが「バブル」だなんて言っていなかったのですから、ビックリして放心するしかありませんでした。子どもの頃から爪に火を灯《とも》すようにして貯めてきたお年玉が、あっという間に吹っ飛んでしまったのです。もう二度と株式投資になんか手を出すものか、と思いました。

しかし、これはあとから知ったことですが、株の世界で生きている人々のあいだでは、その下落はそれほど大きな驚きではなかったそうです。私が買ったぐらいの年末の時点で、じつはすでにバブル崩壊の予感があった。

株の素人《しろうと》は、目の前の株価があまりに高いので「まだまだ上がるだろう」と思ったわけですが、玄人《くろうと》には株価の上昇がピークを迎えつつあるのが見えていたのでしょう。**高値をつけてはいるけれど、すでに勢いがなくなっているので、「もうじき下がる」と予想できたのです。**

この玄人の見立てこそが、**「微分的思考」**にほかなりません。たとえ過去数カ月のあいだに株価が上がり続けていたとしても、**「いまこの瞬間」の勢いがなければ失速して落ち**

ていきます。微分とは、その「**瞬間の勢い**」のこと。だから、**微分的思考をすれば変化の度合いを予想することができるのです。**

その瞬間の変化の勢いを表わす「接線の傾き」

株価のことを考えればわかるように、「**ある瞬間の変化の勢い**」**は**「**これまでの変化の勢い**」**と同じではありません。**たとえば過去3カ月間、ある企業の株価が10％上がったとしても、それは3カ月間を平均した変化率。今日この瞬間の勢いがそれと一致するとはかぎらないでしょう。

その**変化の勢いのことを、**「**傾き**」**といいます。**何の傾きかというと、変化の様子を表わすグラフの「**接線**《せっせん》」です。そして微分とは、この「**接線の傾き**」にほかなりません。

先ほど「x^2の微分は2ｘ」という話をしましたが、この「2ｘ」がある点での接線の傾きを意味しています。数式と同様、縦軸と横軸で表わすグラフも苦手な文系人間は少なくないと思いますが、そんなに難しい話はしないので、ちょっと下のグラフ（図2）を見てください。

これは「$y = x^2$」という式をグラフにしたものです。これを見れば、「接線の傾き」の意味は何となくわかるでしょう（接線とは、円や放物線の曲線に1点で接する直線のこと。3次関数では2点以上で接することもあります）。

縦軸（y軸）の右側はカーブを描いて値が増えていきます。どの点も接線の傾きは2xですから、xが増えれば増える

図2　接線の傾き

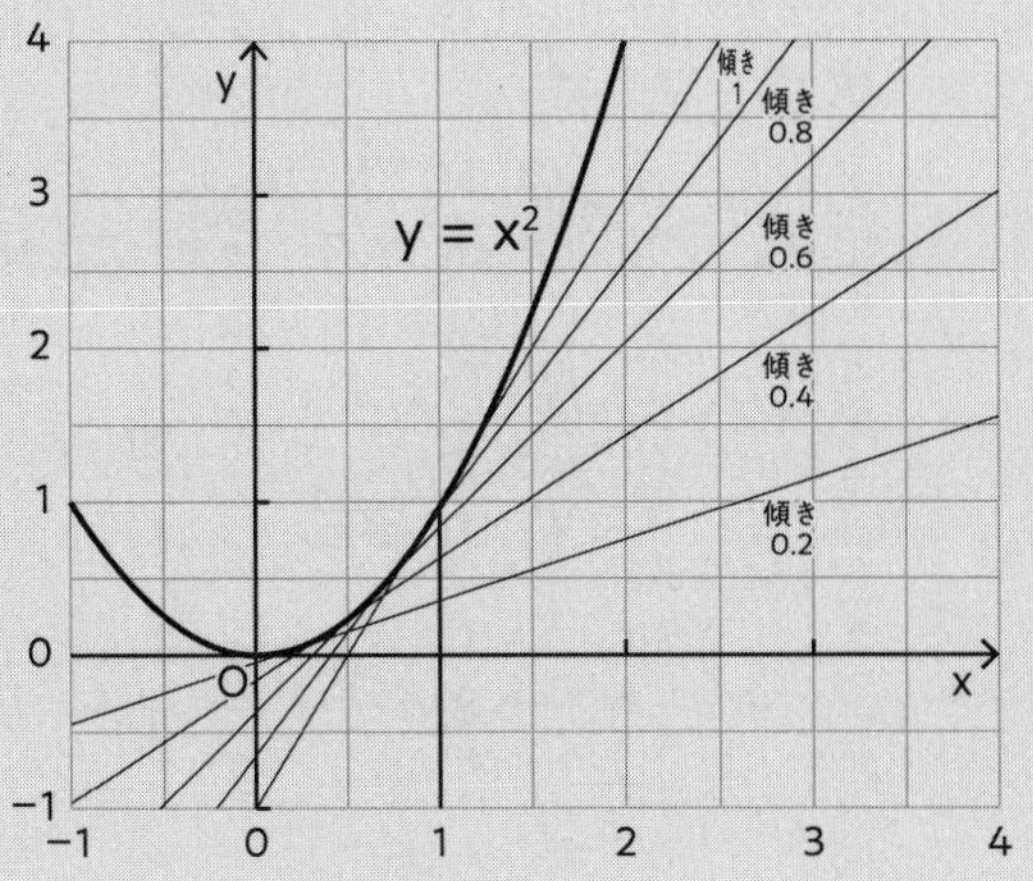

ほど傾きはどんどん右上がりになる。縦軸の反対側はxの値がマイナスなので、xが減ればば減るほど逆に傾きはどんどん右下がりになるのです。

次に、株価の変動を示したグラフ（図3）を見てみましょう。

縦軸が株価、横軸は時間の変化を表わしています。

点Aは株価がグングン上昇している時期、点Bは値上がりがピークを迎えたとき、点Cは株価が下落を続けている時期、点Dは株価が底を打ったとき。それぞれの点を微分して傾きを計算すれば、Aの接線は右上がりになるはずです。微分的思考をする人はこの傾きを見るので、「今日は買い」と判断するでしょう。逆にC点の接線は右下がり。それがこの日の勢いですから、微分的思考をすれば「買ってはいけない」となります。

このAとCについては、微分的思考をしなくても、前日までの値動きを見ていれば同じ判断ができるかもしれません。

でも、BとDはどうでしょうか。

ここで、先ほどの「$y = x^2$」のグラフ（図2）を思い出してください。接線の傾きが

「水平」になる点がひとつだけあります。株価グラフのB点とD点もじつはそれと同じです。

Bの日は、前日まで株価が順調に上がり続けていました。この時点ではそれがピークだとは誰も知らないので、微分的思考のできない人は「まだ買ったほうがいい」と考えるでしょう。しかしB点を微分すると、接線は水平になります。つまり、もう勢いがない。

微分的思考のできる人はこの傾きを見て、「明日から値下がりするかもしれない」と考えます。30年前の私は接線の傾きに気づかなかったから、そこで

図3　株価の変動

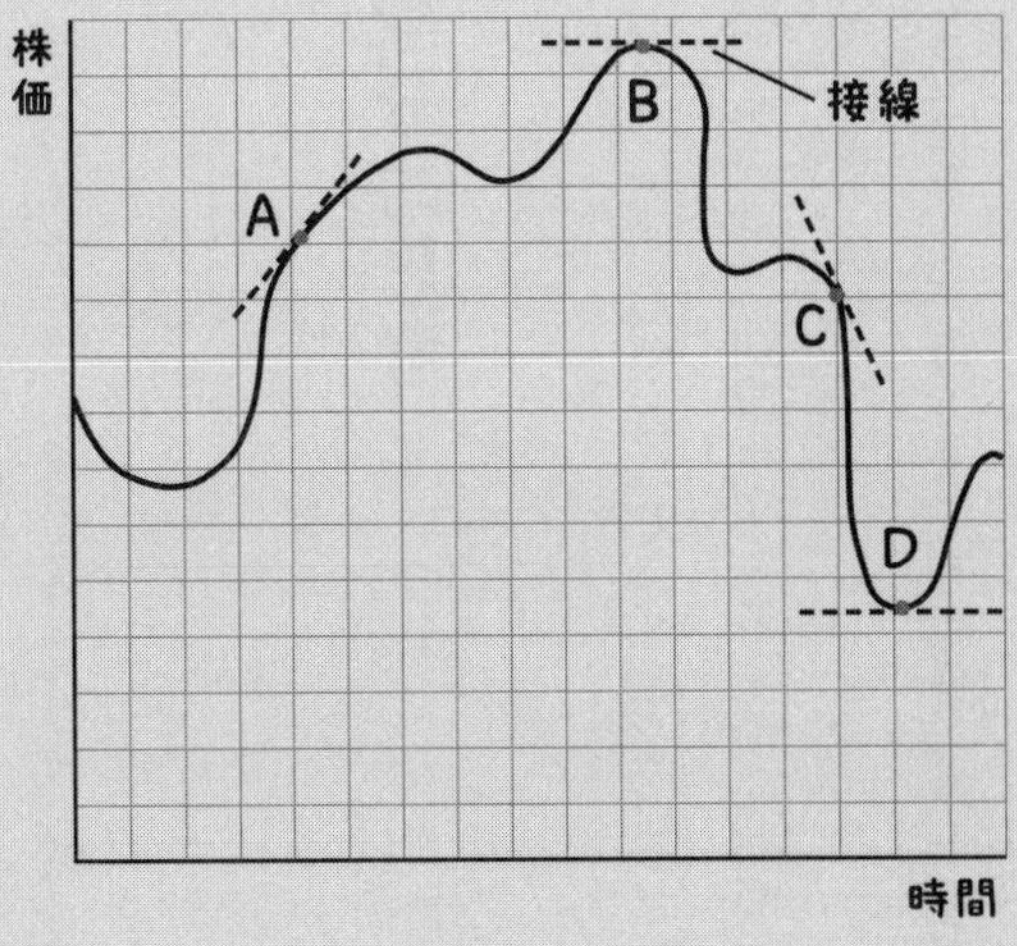

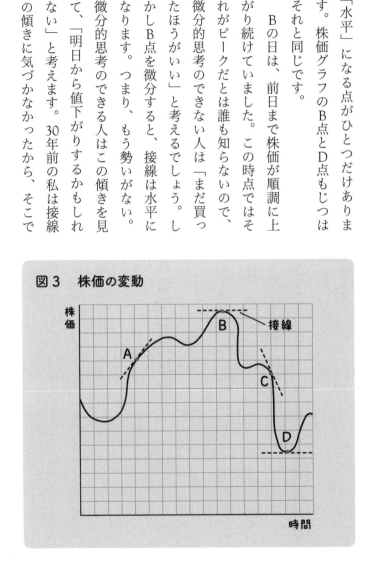

株を買ってしまいました。

逆に、Ｄの日は前日までの値動きを見ていると買うのを控えたくなるでしょう。でも、微分すると接線は水平。値下がりの勢いがなくなったわけです。それに気づくことができる微分思考の人は、値が下がりきったところで株を買い、大儲けできるわけです。

スポーツ指導者にも求められる微分的思考

ちょっと数学の教科書っぽい雰囲気が出てきたので、困った顔をしている人もいるでしょう。でも、心配はご無用。私たち文系人間が数学を日常生活で活用する上で必要なのは、数式を書いて「瞬間の傾き」を計算することではありません。

私がお勧めしたいのは、「変化を微分する」ことではなく、あくまでも微分「的」思考で身の回りの変化を見ることです。

そのために必要な「微分の本質」についての知識は、すでにお教えしました。これさえ頭に入っていれば、身の回りで変化する物事の**「いまこの瞬間」の傾き**に注目せずにはいられなくなるはずです。

たとえば学業でもスポーツでも、それに取り組んでいる人の成長の度合いをグラフで表わすことができるでしょう。その成長曲線は、本人の「変化の記録」です。

当然ですが、そのグラフが描く曲線は誰でも同じではありません。もし小学校入学から中学校卒業までの偏差値の変化をグラフ化してみたら、その流れには人それぞれの紆余《うよ》曲折《きょくせつ》があるのがわかると思います。

右肩上がりに一直線のグラフが描ける人（あるいはその逆）は、まずいません。両端の点（小学1年生のときの偏差値と中学3年生のときの偏差値）を結べば直線になりますが、そこにいたるまでのプロセスはさまざまです。上がったり下がったりをくり返している人もいれば、最初の数年間は横ばいだったのに、途中で急上昇や急降下を始めた人もいるでしょう。

最初はしばらく順調に成績が上がっていたのに、どこかのタイミングで下がる一方になってしまった人は、「あのとき何か手を打てなかったのだろうか」と悔やむかもしれません。

しかし、もし微分的思考のできる先生や親がついていたら、どうでしょう。**成績が上がっているときでも、その勢い（傾き）がやや鈍っていることに気がついたかもしれません。**バブル崩壊前の予兆に気づいた株の専門家が「いまは買いより売り」と判断できたのと同じで、その時点で危機感を持つことができれば、成績ダウンを食い止めるためのアドバイスができるわけです。

これはスポーツの指導者にも求められる思考法でしょう。

私は20代の頃に、テニスのコーチをやっていたことがあります。

担当している子どもたちのプレーを継続的に見ていると、たまに「あれ？　ちょっと停滞期に入ったな」と気づくことがありました。先週まで順調に上達していたように見えたのに、その日の瞬間的な勢いだけ見ると、何か物足りなさを感じるのです。

逆に、いくら練習してもなかなか上達しない子どものプレーに瞬間的な勢いを感じることもありました。

いずれも、そこで何らかのターニングポイントを迎えているということです。

私はたまにそれに気づく程度でしたが、本当に優秀なコーチには常にそれが見えているのではないでしょうか。そんな微分的思考のできる指導者に恵まれた選手は、しあわせです。

テニス部でも柔道部でも体操部でも、部活で一生懸命に練習に励んでいるのに結果が伴わず、嫌気がさすようなことはよくあるでしょう。もしかしたら、「自分はもうこれ以上は伸びないので部活をやめたい」などと言い出すかもしれません。でも、微分的思考のできる顧問は、諦めかけた部員をこんなふうに励ますことができます。

「いまやめたら、ここまでの練習が無駄になるよ。いまは結果が出ていないけど、キミは一気に伸びるところに差しかかっている。あと2週間、遅くとも1カ月後にはまわりが驚くぐらい急成長するから、もう少しだけ続けてみよう」

株式投資でいえば、持っている株の価格がなかなか上がらないことにしびれを切らして

「もう売ってしまいたい」という人に、「いや、あと少し我慢すれば上がるはずだから」と忠告するのと同じこと。

微分的思考のできる人は、これまでの変化率に惑わされずに、さまざまな変化がこれから「上り坂」に向かうのか、それとも「下り坂」に向かうのかを見極めようとするのです。

日本人の胸に刻まれている諸行無常の「平家曲線」

そういう発想をするには、何よりもまず、**物事は「変化」するものだ**という目で世の中を見なければなりません。**変化があるからこそ、それを微分することができるのです。**

いまの状態がそのままずっと続くかのように思い込んでボンヤリしていたのでは、その時々の傾きがどうなっているのかに気づくはずがありません。

実際、この世の中に変化しないものなどほとんどないでしょう。

かつて宇宙は始まりも終わりもない永遠不変のものだと思われていましたが、じつはビッグバンという「始まり」があり、膨張という変化を続けていることがわかりました。

もっと身近なところを見ても、季節は常に移ろっています。春から夏にかけて気温は徐々に上がり、秋から冬にかけて徐々に下がっていく。

私たちの人生もまた、生まれてから死ぬまで変化の連続です。

そんな「**無常観**《むじょうかん》」を、日本人は昔から語り継いできました。

〈祇園精舎《ぎおんしょうじゃ》の鐘の聲《こえ》、諸行無常《しょぎょうむじょう》の響《ひびき》あり。
沙羅雙樹《しゃらそうじゅ》の花の色、盛者必衰《じょうしゃひっすい》の理《ことわり》をあらはす。
驕《おご》れる人も久しからず、唯《ただ》春の夜《よ》の夢の如し。
猛《たけ》き者もつひには滅びぬ、偏《ひとえ》に風の前の塵《ちり》に同じ。〉

いわずと知れた『平家物語』の冒頭です。

「**諸行無常**」とは、何事もいまのままではなく、必ず変化し続けるということ。「**盛者必**

衰の理」は、ピークを迎えたら次は下り坂に向かうしかないということです。

この一節がまるで遺伝子のように胸に刻まれている私たち日本人は、微分的思考をするための基本が備わっているとさえいえるでしょう。

その「諸行無常」「盛者必衰」の感覚をグラフ化して頭に刻み込んでおくと、微分的思考力はより強化されると思います。「平家曲線」とでも名付けましょうか（図4）。

縦軸は平家の社会的地位、横軸は時代。その平家曲線は、もともとは何者でもなかった平家一族が、まず武士として高く評価されるところから上り坂に入ります。さらに朝廷から位をもらって貴族化しました。そして平治《へいじ》の乱（1160年）のあとに平《たいらの》清盛《きよもり》が武士として初めて太政大臣《だじょうだいじん》となり、日本で最初の武家政権を打ち立てます。

あとから振り返れば、そこが平家曲線のピークでした。微分すれば、その前から傾き（接線）がどんどん緩《ゆる》くなり、水平に近づいていたはず。

微分のテストでも、ある関数のグラフで「傾きがゼロになるxの値を求めよ」といった問題がしばしば出されます。

しかし、清盛には微分的思考ができませんでした。**自分たちの「いまこの瞬間の傾き」を見極めようとする姿勢があれば、「もしかしたら、おれたちはちょっと調子に乗りすぎてるんじゃないか？」と自省することもできたかもしれません。**しかし、誰にとってもそれは難しい。だからこそ「盛者必衰」は抗《あらが》いがたい「理《ことわり》」となってしまうのでしょう。

やがて源平合戦が始まると平家曲線の傾きは一気に右下がりになり、ほとんど真っ逆さまのような勢いで急降下しました。

そして壇《だん》ノ《の》浦《うら》の戦い（1185年）で、ついに平家は滅亡してしまったわけです。

図4　平家曲線

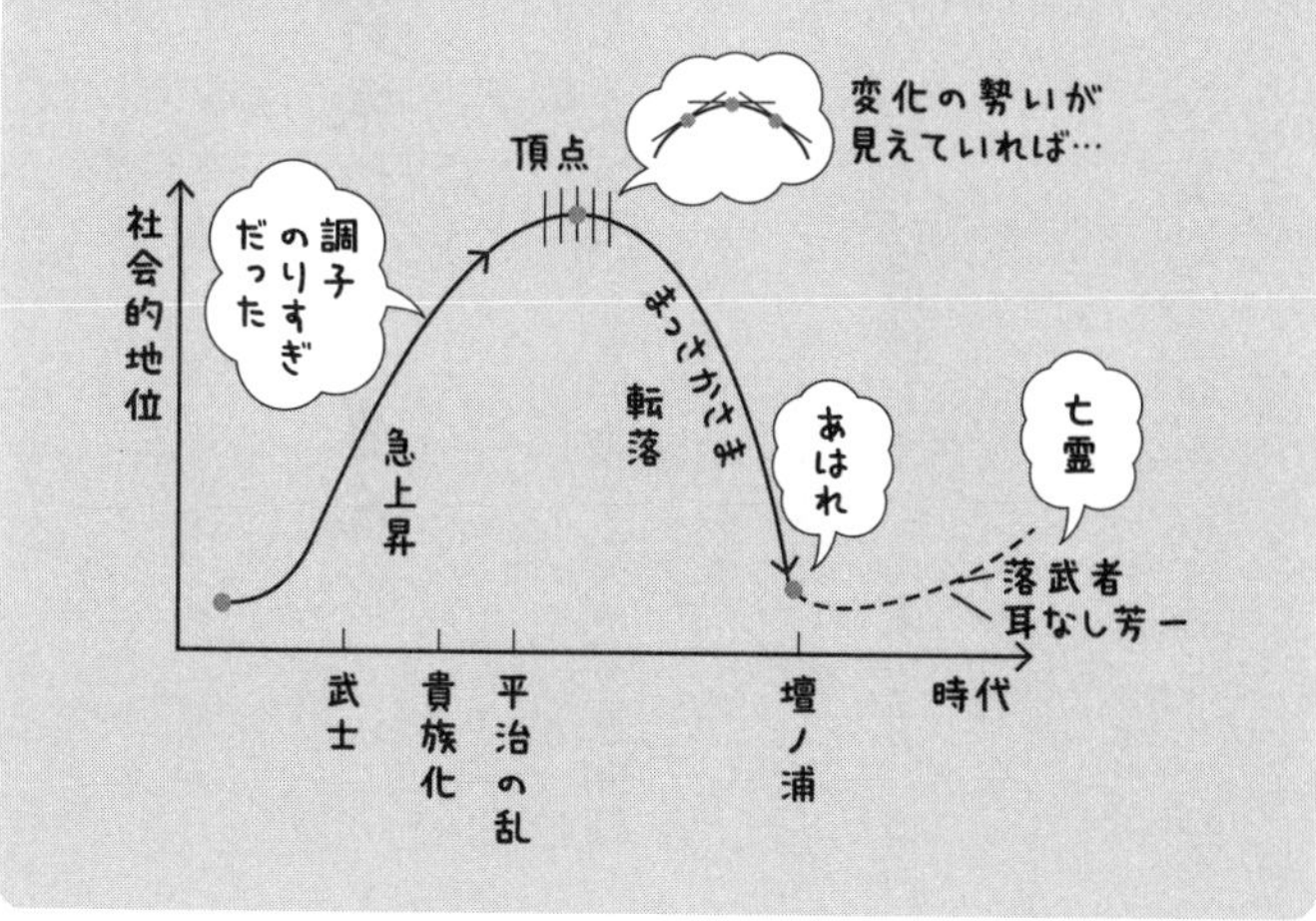

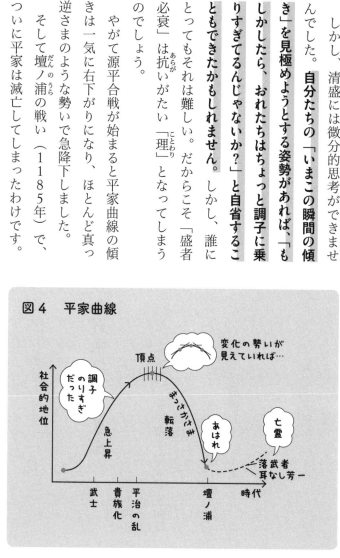

その後も平家の「亡霊」やら「落ち武者」やらが多少はがんばりましたが、まあ、これは点線で描いておけばよいぐらいの余韻のようなものにすぎません。

4つ目の芸名でようやく上昇した五木ひろしさん

ところで、「盛者必衰」といわれると希望のない話になってしまいますが、平家曲線の基本は「諸行無常」です。

たしかに平家は最終的に滅亡しましたが、何者でもなかった一族が凄《すさ》まじい勢いで上昇した時期があったことも忘れてはいけません。つまり、**いまは低迷している人でも、それがいつまでも続くとはかぎらない**ということです。

たとえば芸能人でも、デビューした瞬間からものすごい勢いで人気が急上昇し、一気にトップレベルまで駆け上がる人もいますが、それはほんの一握り。とりあえずデビューはしたものの、鳴かず飛ばずで何年間も地を這《は》うような下積み生活が続く人も大勢います。とくに演歌系の人は、ヒット曲に恵まれてNHK紅白歌合戦に出場するまでに「苦節何年」という人が少なくないでしょう。

いまや紅白常連歌手の五木《いつき》ひろしさんもそうでした。もともとは「松山《まつやま》まさる」という芸名で17歳のときにデビューしましたが、3年やってもヒット曲が出ない。「一条英一《いちじょうえいいち》」に改名して再デビューしてもダメ。さらに「三谷謙《みたにけん》」の名で再々デビューをしましたが、やはり売れません。

芸名だけは5年間で2度も「変化」したものの、人気度は上がりも下がりもせず変化なし。グラフは低いところで水平に推移するだけです。銀座のクラブでは弾き語りで相当な収入を得ていたそうですが、華やかな芸能界で活躍できるような「勢い」はなかなか出ませんでした。

ところがデビューから6年後、突如として右上がりの傾きが生じます。三谷謙は、『全日本歌謡選手権』(よみうりテレビ)というオーディション番組で圧倒的なパフォーマンスを見せ、10週勝ち抜きを果たしました。好きな番組だったので、私はその10週をすべて見ていましたが、途中からは三谷謙が勝ち抜くと審査員の目が潤《うる》んでいたのを覚えています。その挑戦を最後のチャンスと考え、「これでダメなら故郷に帰る」というご本人の強い覚悟が、それだけの勢いを生んだのかもしれません。

グランドチャンピオンに輝いた三谷謙は「五木ひろし」と改名し、平尾昌晃《ひらおまさあき》・作曲、山口洋子《やまぐちようこ》・作詞の名曲「よこはま・たそがれ」で4度目のデビューを果たしました。

これが大ヒットして人気度が急上昇し、現在にいたるまで芸能界で安定した地位を保っているのです。

平家物語のイメージが強いので、諸行無常という言葉には何かが滅亡に向かうような儚《はかな》さがあります。しかし五木さんのような成功も物事が無常だからこそ、つまり変化するからこそ実現することでしょう。

すべては変化するのですから、良いときに油断してはいけないのと同じように、悪いときに諦める必要もないのです。

デートの「トキメキ曲線」を微分せよ

ただしその一方で、私たちの日常にはしばしば**「諦めが肝心」**という場面があるのもたしかでしょう。もういま以上には良くならないとわかっていることにいつまでも執着していると、ろくなことにはなりません。

たとえば私の親戚には、外国で日本食がブームになっていた時期に、寿司店を経営していた人がいます。しかし、決して商売の調子は悪くなかったにもかかわらず、あるとき店をたたみました。そろそろ日本食ブームが終わりそうだと見越して、次のビジネスに乗り出すべく、早めに手を打ったのです。

ふつうは、寿司店をやめたと聞いたら「次はどんな飲食店を？」と聞きたくなるでしょう。ところがその親戚が新たに始めたビジネスは、家事代行業でした。それまでとはまったく異なる世界ですが、家事を代行する人を富裕層の家庭に派遣するこのビジネスは元手がほとんど要らず、リスクも少ないと考えて決めたとか。始めてみたら思った以上にニーズがあり、たいへんうまくいっているそうです。時流に合った商売だったのでしょう。

こういう人のことを、よく**「機《き》を見るに敏《びん》」**と評しますが、これはつまり瞬間的な傾きの変化を察知するセンサーが敏感だという意味。日本食ブームが下り坂に向かうことや、富裕層がいま何を求めているかを見極められるのは、いわば「微分感覚」がすぐれているからなのです。

この微分感覚は、恋愛にも応用できるのではないでしょうか。

同じ相手に対する恋愛感情が続くのは、長くて3年といわれています。もちろん、それ以降もつきあいが続いて、結婚まで到達することはいくらでもありますが、4年目、5年目になると、それはもはや恋愛感情とは違うもの。恋愛に特有のトキメキは失われ、家族や親友などに対する親愛の情みたいなものになっていくのがふつうでしょう。

また、「長くて3年」のあいだの恋愛感情も決して一定の状態ではありません。上り坂もあれば下り坂もあるのが常です。

相手に対する気持ちを表わす**「トキメキ曲線」**を描いた場合、「出会いからジワジワと上昇する」ケースはあまり多くないでしょう。だいたい最初に強烈なトキメキが発生するものです。初めてのデートで感じるトキメキの勢いといったら、それはそれは凄まじいもの。ほとんど傾きが垂直に近くなることも多いでしょう。

その勢いのおかげでトキメキ曲線は上り坂になるわけですが、2回目のデートでも同じ傾きになるとはかぎりません。曲線を見ればお互いの気持ちが順調に盛り上がっているように思えますが、その瞬間の傾きは最初のデートほどではない。

3回目のデートではさらに傾きが緩くなり、もしかしたら水平に近づいている可能性もあります。口では「あなたといると楽しい」などと言っていたとしても、微分的に見るとじつは最初の頃よりも情熱が失われ、トキメキの曲がり角にさしかかっているかもしれません。

微分感覚を持てば、その時々の幸福にも気づける

でも、だからといって「もう終わり」と決めつける必要はないでしょう。いつまでも燃え上がるような恋愛をしたいなら別ですが、恋愛感情が薄れても親愛の情があればつきあいは続けられますし、結婚するならむしろそのほうがいい。ですから、**恋愛曲線に翳《かげ》りが見えたら「友達曲線」に移行すればよいのです。**

友達との関係の深まり方は、恋愛関係と同じではありません。「トキメキ」という起爆剤はないので、出会いからジワジワと傾きが大きくなります。会って話せば話すほど仲良くなり、やがて傾きが水平に近い状態になり、しばらくするとまた関係性が高まっていく……というのが典型的な友達曲線のあり方ではないでしょうか。

ですから、恋愛感情から始まった相手との関係を長く続けたければ、いつまでもトキメキを求めず、途中から友達のような感覚になることです。

私は以前、倉田真由美《くらたまゆみ》さんとの共著で『喫茶店で2時間もたない男とはつきあうな！』（集英社）という本を出しました。結婚生活は基本的に「会話」で成り立つものですから、容姿だけにトキメキを感じるような相手と長く続けられるものではありません。毎日毎日同じ相手と顔を合わせて、用があろうがなかろうが何だかんだと会話をする——それが結婚生活というものです。

したがって、生涯の伴侶を求めているなら、会話がもつかどうかはきわめて重要。喫茶店での2時間がもたないようでは、たとえ最初に強いトキメキを感じても、次回以降のデートは盛り上がらないでしょう。最初の2時間を微分しただけで、先行きは見えています。早めに見切りをつけるのがお互いのためかもしれません。

逆に、最初のトキメキ度は低くても、2時間話しているうちに傾きが徐々に上向いていくような相手なら、次のデートはもっと楽しくなるでしょう。そうやってジワジワと傾きが大きくなっていく相手とのほうが、長く幸福な関係を続けられるのかもしれません。

花の色はうつりにけりないたづらに　わが身世にふるながめせしまに

百人一首にも入っている小野小町《おののこまち》の有名なこの歌にも、そこはかとない微分感覚が滲《にじ》んでいるように思えます。恋だの何だのと思い悩んでいるうちに私の容色が衰えてしまったのと同じように、春の長雨のあいだに桜の花はすっかり色褪《あ》せてしまった——若い頃は絶世の美女として知られた小野小町も、時の移ろいには抗うことができません。

変化とは、ある意味で残酷なものです。

しかしそれを見越して微分的に生き方を考えていれば、枯葉にも若葉にはない魅力があるのと同じように、その時々の幸福感を味わえるのではないでしょうか。

進歩が「正比例」ならヒトゲノム計画は700年かかった

ところで私たち人間には、物事の変化に対する強い「思い込み」があります。とくにその思い込みが生まれやすいのは、何かが「進歩」するときでしょう。

スポーツや楽器の上達度といった個人の進歩でもそうですし、社会全体の科学技術の進歩のような大きな問題でもそうなのですが、**私たちはその変化を表わすグラフが、45度の「直線」を描くように思い込みやすいのです。**

縦軸に進歩の度合い、横軸に時間を取ったグラフが直線になるのは、その進歩が同じペースで続くことを意味しています。

つまり、経過した時間に正比例して進歩するということ。時給1000円のアルバイトを2時間やれば2000円、8時間やれば8000円になるのが、正比例です。それと同じように、私たちは進歩という現象についても、**「1年でこれだけ進歩したなら次の3年間も正比例的に進歩する」といった具合に考えてしまう。**でもこれは多くの場合、幻想にすぎません。物事は必ずしも正比例で進むわけではないのです。

それがわかりやすい形で表われたのが、「ゲノム解読プロジェクト」でした。人間の遺伝子のすべての塩基《えんき》配列を解析しようという壮大なプロジェクトで、「ヒトゲノム計画」とも呼ばれます。

最初はアメリカで始まり、やがて国際的な協力によって進められましたが、何しろヒトゲノムの情報量は膨大なので、当初は1%の解読に7年もかかりました。正比例ペースでは、100%を解読するのに700年もかかることになります。いまから700年前といえば、日本は鎌倉幕府の時代。気が遠くなるような話です。

ところが、その時点で「あと7年でヒトゲノムは100%解読できる」と予想した人物がいました。人工知能の研究などで有名なアメリカの発明家で未来学者でもある**レイ・カーツワイル**です。

いわゆる**「シンギュラリティ（技術的特異点）」**に関する話で、カーツワイルの名前を見聞きしたことのある人も多いでしょう。シンギュラリティとは、技術が進歩する速度が無限大に近づき、人間の能力を超えた人工知能が自らを改良し始める現象のこと。「技術が無限大の速度で進歩する」とはどういうことなのか想像もつきませんが、カーツワイル

レイ・カーツワイル
(1947〜)
アメリカの未来学者。人工知能研究の世界的権威

は、それが2045年に起こると予言しています。

なぜそんなことになるかといえば、人類の技術進歩が下のようなグラフ（図5）を描くから。これまでの人類史を振り返ると、**テクノロジーは一直線の正比例ではなく、「倍々ゲーム」で進歩してきた**というのです。

1、2、4、8、16、32……と、「倍々」の増え方は最初は大した勢いを感じません。しかしグラフを見ればわかるように、その増え方は途中から急激に上昇します。

たとえば、厚さ0・1ミリの紙を2つ折り

図5　人類の技術は「倍々ゲーム」で進歩

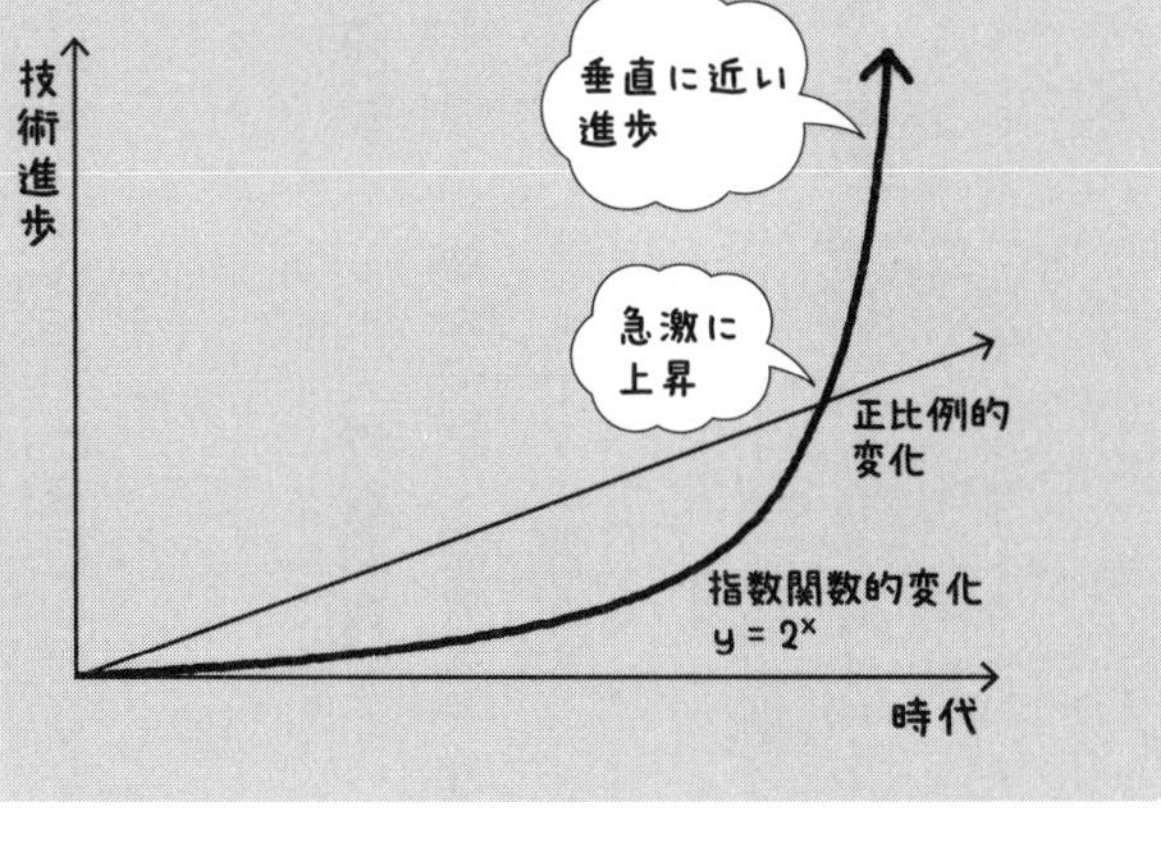

にする作業をくり返すと、どうなるか。現実にはそう何度も折れませんが、51回折ったところで、その厚さは地球から太陽までの距離と同じになるそうです。そう聞かされると、「進歩の速度が無限大になる」という現象が起きても不思議ではないように感じられるのではないでしょうか。

ちなみに、このような倍々ゲームのグラフを描くような関数のことを**「指数関数」**といいます。y（縦軸）の値が1、2、4、8、16、32……と倍々に増えていく関数の式は「$y=2^x$」。2の2乗、2の3乗、2の4乗……と指数のxが増えることでyの値が大きくなっていくので、「指数関数」というわけです。

カーツワイルのいうシンギュラリティが起こるかどうかはともかく、ヒトゲノム計画ではたしかに技術が指数関数的な勢いで進歩しました。そして実際、正比例なら700年かかるはずの解読作業が、カーツワイルの予言どおり7年で終了したのです。

一気に急降下した私のチェロ演奏

もちろん、直観的には正比例だと思えるものが、すべて指数関数的な倍々ゲームで上昇するというわけではありません。**正しく予測するために必要なのは、あくまでも「正比例」という直観に惑わされずに考えることです。**

たとえば同じテニスの初心者でも、その進歩のペースは人それぞれ。みんなが正比例で上達することはありません。

センスのある人は最初の2～3回の練習でググッと成長しますが、**そのままずっと正比例で伸びると思ったら大間違い。**最初の進歩は本人の持って生まれたセンスによるところが大きいので、同じ練習方法を続けていればすぐに伸びは止まります。だからこそ、ある瞬間の傾きを見極める微分的思考が必要になるのです。

必ずしも正比例にならないのは「マイナスの進歩」、つまり「下手になる」ときも同じこと。楽器は練習をサボれば下手になりますが、その落ちぶれ方は必ずしも時間と比例しません。

恥ずかしながら、私のチェロの腕前がそれを証明しています。習い始めてからしばらくは順調に上達し、モーツァルトの短い曲なども弾けるようになりました。しかし途中で諸事情あって先生が辞めてしまい、レッスンを受けられなくなった途端、覚えたはずの技術は急降下。モーツァルトが弾けないのは仕方ないとしても、いったんそ

図6　私のチェロ演奏

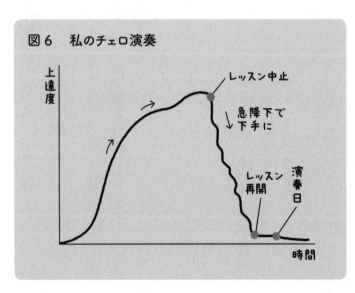

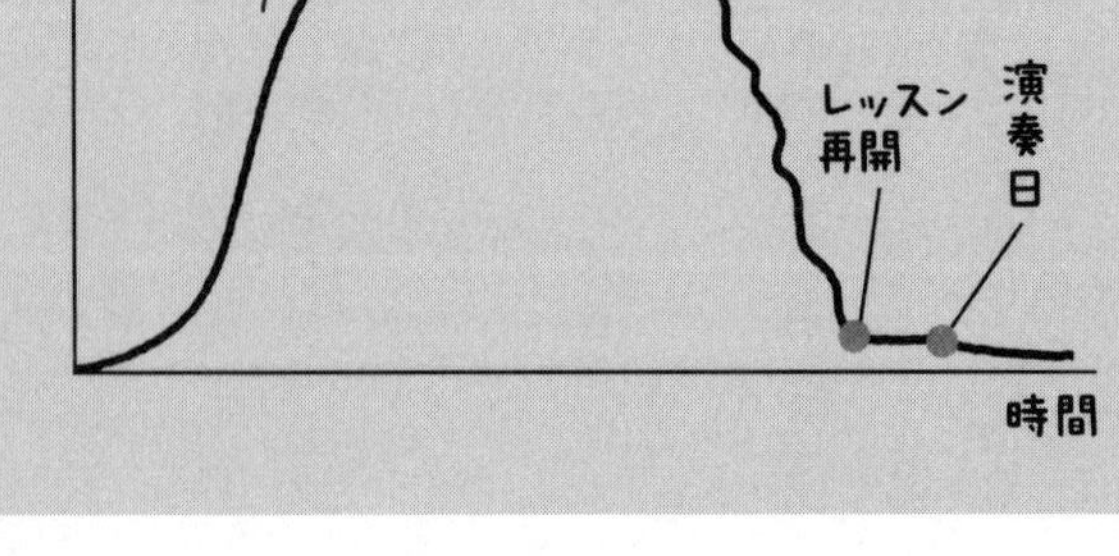

こまで上達したなら、簡単な練習曲ぐらいは弾けそうなものだと思うでしょう。しかし現実は厳しいものです。あっという間に、楽器を構えたときに「どこがドだっけ？」と考え込んでしまうという初心者レベルにまで成り下がってしまいました（図６）。

これで困るのは、周囲の人たちは私が「そこそこチェロを弾ける」と思っていることです。弾けると思っていれば、「弾いてくれ」と言いたくなるのが人情というもの。

実際、ＴＢＳテレビ系の『ニュースキャスター』のオープニングで音楽が企画されたときに、それを依頼されました。アナウンサーの安住《あずみ》紳一郎《しんいちろう》さんがスタッフに「齋藤先生はチェロをやってるから、弾いてもらったら？」と提案したようです。

どこがドかもわからなくなっているのですから、テレビで演奏なんかできるわけがありません。だから「いやもう、全然弾けないんですよ」と一度はお断りしたのですが、人は「正比例幻想」を抱くので、そんなに急に腕前が落ちるとは思わない。私が謙遜《けんそん》しているのだと受け止められて、どんどん企画が進んでしまいました。

断るに断れなくなり、仕方なく練習を再開してはみたのですが、体がまったく弾き方を思い出してくれません。

でも、何か演奏しなければ番組が成り立たない。そこで窮余《きゅうよ》の一策として、作曲家のコーニッシュさんにお願いして、チェロはひとつの音を弾き続けるだけで、あとはほかの演奏者のみなさんが変化をつけてくれる短い曲を作ってもらいました。

「齋藤先生の左手の指、全然動いてないね」

その演奏を見たビートたけしさんのツッコミが、すべてを物語っています。

自転車と生クリームの共通点とは

もちろん、練習をサボった人が誰でも私のように一気に初心者レベルまで急降下するわけではありません。

私がまったく弾けなくなったのは、習った技術が自分の中にしっかり定着していなかったからです。「技化《わざ》」していなかったのです。一応モーツァルトが弾けてはいても、見よう見真似で弾いているだけでは、それを「弾ける体」にはなっていないとでもいえばいいでしょうか。

しっかりと定着した技術は、そう簡単には失われないものです。たとえば自転車がそうでしょう。あれは不思議なもので、いったん乗れるようになるとその技術はほぼ一生もの。乗り方を忘れる人はまずいません。何年も乗っていなくても、自転車にまたがれば当たり前のようにペダルを漕ぎ始められます。

自転車も、正比例で徐々に乗れるようになるものではありません。「昨日より今日のほうがちょっとうまく乗れるようになった」という経験のある人はほとんどいないでしょう。スポーツとして本格的に自転車競技に取り組む人は別ですが、日常生活に使う自転車にあるのは「乗れない状態」と「乗れる状態」だけ。最初は乗れなくて何度も転んだりしますが、ある瞬間に突如「乗れた！」となって、そのときにはもう技術が定着しているのです。

その上達度グラフを微分したら、傾きゼロの状態だったのがあるとき突然ほぼ垂直の傾きになり、それ以降はまた傾きゼロの状態がずっと続くことになるでしょう。

乗れるまでに転ぶ回数は、本人のセンスと教え方で決まります。2〜3回転んだだけですぐに乗れるようになる人もいますが、子ども自身のセンスがもうひとつで、教え方も下手だと、50回転んでも乗れません。

何でも正比例で進歩すると思い込んでいたら、イヤになって諦めてしまいます。**正比例幻想を捨てて、「いつか急に乗れるようになる」と信じることも、ある種の微分的思考だといえるでしょう。**

そういう「突然の変化」は、あるところで**「量」が「質」に転化**することによって起こります。何も変化しないように見えながら、**「量」の積み重ねが一定の段階に達すると突如として「質」が変わる。**私はこれを**「生クリーム理論」**と呼んでいます（図7）。ホイップクリームを作ったことのある人には、説明しなくてもわかってもらえるでしょう。

私は子どもの頃、母親にいわれて生クリームを泡立てる作業を担当していたので、正比例幻想を捨てることができました。というのも、液体の生クリームは、泡立てても徐々には固まりません。いくら泡立てても変化の手応えがないので、「僕は無駄なことをやっているのではないか？」という徒労感が募ります。

　ところが、あるところから急に「あれ？　あれあれ？」という手応えが感じられたかと思うと、液体だった生クリームがあっという間に固体っぽくなる。さっきまで転んでばかりだったのに、急に自転車に乗れてしまうのと同じです。

　どちらも正比例ではないので、途中までは努力が少しも報《むく》われません。１００回かき混ぜれば１００回分の固さになるわけではなく、０回目も１００回目も手

図７　生クリーム理論

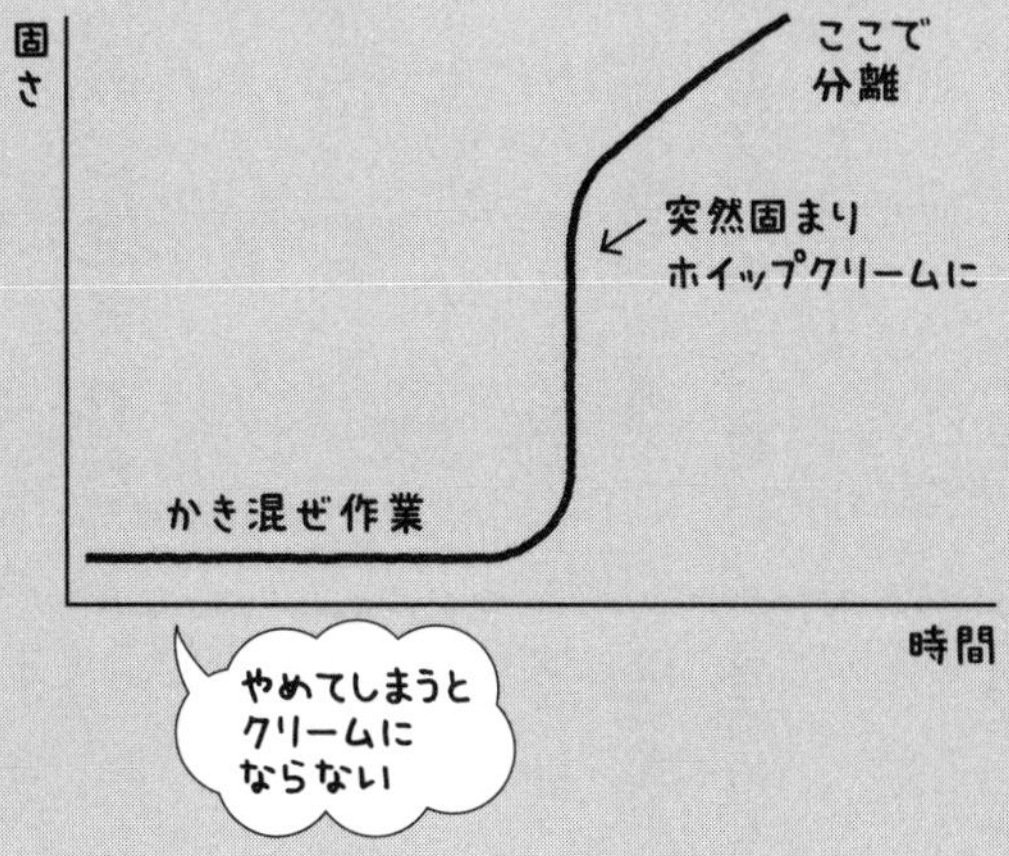

応えは変わらない。しかし諦めずに何百回もかき混ぜれば、確実に努力は報われるのです。

微分は「ある瞬間の速度」を知るために生まれた

これまでの話からわかるように、微分的思考をするには、まずあらゆる物事——自然現象から自分の心にいたるまで——が「変化」することを認識しなければいけません。その上で、その変化がどのような曲線を描くのかをざっくりとグラフ化してイメージする。

正比例幻想にとらわれていたのでは、変化の成り行きを正しく予測することができません。そのグラフをイメージした上で、**その瞬間ごとの変化率（傾き、勢い）を見極める**ことで、その事象に対する思考が深まり、適切に対応できるようになるわけです。

あらゆる物事が過去から未来に向かって変化するのだとすれば、**いまこの瞬間の変化率こそが、私たちの目の前にある「現在」のリアリティ**だといえるでしょう。**リアルな「い**

ま」に目を向けなければ、「これから」に対して有効な手を打つことはできません。

たとえば、あなたは「いま」間違いなくこの本を読んでいます。しかし「自分はいま読書をしている」というだけでは、リアリティを認識したことにはなりません。面白くてどんどんページをめくりながら読んでいるのか、それとも、ちょっと飽きてきて読み進む勢いが落ちているのか。著者としては前者であることを願いたいものですが、その瞬間的な変化率こそが、あなたの「リアルな現在」です。

微分によって得られる変化率のことを、これまでは「傾き」「勢い」といった言葉で表わしてきました。では、これを物理学的な言葉では何と呼ぶのでしょうか？

数学の話だと思って読んできたのに、急に物理学といわれても戸惑ってしまうかもしれません。高校で数学が苦手だった文系人間はたいがい物理も苦手だったはずなので、いま顔をしかめた人もいると思います。

でも、私は大の物理好き。ますます勢い込んで書きますので、どうか読書の「勢い」を止めないでください。

もともと微分積分学は、物体の運動を研究するために**アイザック・ニュートン**が考え出した数学的手法です。ただし、そういうと**ゴットフリート・ライプニッツ**に叱られるでしょう。微分積分を先に考えたのはニュートン、先に論文として発表したのはライプニッツとされており、2人のあいだで「オレが先に考えたものをおまえが盗んだ」という論争（というか罵《ののし》り合い？）もありました。いまでは、2人がそれぞれ独立に作り出したということになっています。

微分が物理学と切っても切れない関係にあるのは間違いありません。

アイザック・ニュートン
（1642～1727）
英国の科学者、数学者。微分や万有引力の法則は23歳頃発見

ゴットフリート・ライプニッツ
（1646～1716）
ドイツの哲学者、数学者。ドイツ啓蒙思想の先駆者

たとえば物体の運動を考えるときは、「速度」が観測対象のひとつになります。運動する

物体の速度がわかれば、それに時間を掛けることで移動距離がわかる。逆に、移動した距離とそれにかかった時間がわかれば、速度が計算できます。速度×時間＝距離、距離÷時間＝速度。文系人間でも、これぐらいは知っているでしょう。自動車で2時間かけて100キロメートル移動したなら、その速度は時速50キロメートルです。

でも、これは100キロメートル移動するあいだの「平均速度」にすぎません。自動車はスタートから徐々にスピードを上げ、徐々にスピードを落としながら停止します。たとえ途中に赤信号がなかったとしても、最初から最後まで時速50キロで走ることはないでしょう。

では、**走っている途中の「ある瞬間」の速度はどうすればわかるのか。**「ある瞬間」は移動距離も時間もゼロなので、先ほどの式では速度を計算できません。距離0÷時間0＝？となってしまいます。0で割ることはできないので。

そこでニュートン（とライプニッツ）が考えたのが、**「距離をかぎりなくゼロに近づける」**という方法でした。完全にゼロではないけれど、ほとんどゼロと見なせるぐらいの距離を、完全にゼロではないけれどほとんどゼロと見なせるぐらいの時間で割れば、ほとんど「その瞬間」と見なせる時点での速度が計算できるというわけです。

その「ある瞬間の速度」こそが、微分によって得られる「接線の傾き」にほかなりません。これまで「変化率」「傾き」「勢い」などと呼んできたのは、物理学的にいうと**「ある瞬間の速度」**のことなのです。

運動方程式F＝maと慣性の法則

どうでしょう。いまの話で、あなたの「この瞬間の読書速度」は上がったでしょうか、下がったでしょうか。どちらにしても、いまあなたの読書の速度は変化しました。その速度の変化の度合いのことを**「加速度」**といいます。

たとえ速度が落ちたとしても、「減速度」とはいいません。速度が上がればプラスの加速度、下がればマイナスの加速度です。

では、加速度はどう計算するのでしょう。速度は、進んだ距離を時間で割れば計算できました。距離とは「その時間で位置がどれだけ変化したか」ですから、かかった時間で割ると平均値が出ます。

それに対して加速度は、速度が「その時間でどれだけ変化したか」を表わすもの。ですから、速度を時間で割ることになります。それぞれの式を見てみましょう（図8）。

わかりやすくするために括弧《かっこ》をつけましたが、これは取り払っても同じこと。加速度は**「距離÷時間÷時間」**、つまり進んだ距離を時間で2回割ると加速度になるということです。だから加速度の単位は、速度が「○メートル毎秒」（m／s）であるのに対して**「○メートル毎秒毎秒」**（m／s²）。これは**「1秒ごとに○メートル毎秒ずつ加速**

図8　加速度の求め方

速度＝距離÷時間㋐

加速度＝速度÷時間㋑

ここで㋑の「速度」に㋐を代入して

加速度＝（距離÷時間）÷時間

する」という意味です。

ますます文字を追うペースがマイナスに加速してしまったかもしれませんが、細かい計算の話はもう忘れてください。ここで私がいいたいのは、**物事の変化を微分的思考でとらえたければ、この「加速度」に注目してほしいということです。**

文系人間の多くは忘れてしまったと思いますが、高校の物理では、どんな人の人生にも役に立つ重要な式を教えてくれます。これを発見したのも、やはりニュートンでした。

F = ma

超シンプルなこの式は、**「運動方程式」**という物理学の基本中の基本です（図9）。「F」は力、「m」は物体の質量、そして「a」は加速度。同じ物体を動かす場合（質量mは変わらないので）、**加速度が大きいほど力は大きくなりますし、逆に力をかければかけるほど加速度は大きくなる**わけです。

したがって、物体にかかる力がゼロなら、その物体は加速しません。

ただし勘違いしてはいけないのは、加速度がゼロでも速度はゼロとはかぎらないということ。**「力を受けない物体は静止または等速度運動をする」**――これがニュートンの**「慣性の法則」**です。かかる力がゼロでも、物体は同じ速度で運動し続けることができる。床を転がるボールがやがて止まるのは、床や空気との摩擦という力によってマイナスの加速度が生じてブレーキがかかるからです。**摩擦力がゼロなら、ボールは永遠に止まりません。**

しかし当然ながら、**止まっているボールを動かすには力が必要です。**これはつまり、「エネルギー」が必要ということです。

止まっている物体を動かす――つまり「加速」させる――の

図9　運動方程式

$$F = ma$$

力＝質量×加速度

にエネルギーが必要なのは、直観的にもわかるでしょう。重たい岩を動かすには強い力で押さなければなりませんし、エネルギーがなければ力は出ません。自動車のスピードを上げるときも、アクセルを踏むことで大きなエネルギーを使います。

でも、**いったん加速してしまえば、ずっとアクセルを踏み込む必要はありません。**一般道から高速道路に入るときはアクセルを思い切り踏んで加速しますが、制限速度に達すれば、もう加速せずにその速度を保てばいい。そうなったら、慣性の法則で等速運動が続くので、エネルギーを使わずに走ることができます。

慣性で動けない新入社員はアクセルを踏み込もう

「そんな物理法則が、自分の人生にいったいどう役に立つんだ?」と首をひねる人もいるでしょう。たしかに、力とエネルギーの関係や慣性の法則を知らなくても、アクセルを踏めば自動車が加速するのは誰にでもわかるし、同じ速度で走り続けるのにアクセルを強く踏み込む人はいません。

でも、この法則は物体の運動以外にも応用できます。勉強であれスポーツであれ仕事であれ、人は自分のやることに対して常に大きなエネルギーを傾け続けることはできません。思い切り力を入れなければいけないときもあれば、力を抜いて楽に流しても順調に進むときもあります。**人生をうまく運ぶには、エネルギーや力の適切な配分が必要でしょう。**

大きなエネルギーをかけなければいけないのは、自動車の加速と同様、物事のスタート時です。たとえば学校の勉強なら、春休みのうちに次の学年で習うことを一生懸命にやっておくと、4月からの毎日が楽になる。**最初にエネルギーを使って思い切り「加速」しておけば、あとは慣性の法則が働くので省エネで行けるのです。**

新卒で会社に就職した人たちも、この法則を知っておいたほうがいいでしょう。何しろ昨日まで学生だった人間が初めて社会人として仕事をするのですから、しばらくは多大なエネルギーを投入して加速しなければならないのが当然です。その段階で、周囲の先輩社員と自分をくらべてもあまり意味がありません。何年もその会社で働いている人たちは、とっくの昔に慣性の法則に乗っています。新卒の自分と同じように全力でアクセルを踏んでいたら、そのほうが問題でしょう。

そこで「自分ばかりこんなに大変な思いをするのは耐えられない」と思ってしまう人が、入社してすぐに会社を辞めてしまうのかもしれません。でも「F＝ma」と慣性の法則を知っていれば、**「このアクセル全開状態はいつまでも続くわけではない」**と信じることができるでしょう。いずれ先輩社員たちのように、スイスイと日々を送れるようになるはずだと思えれば、がんばって加速に力を入れることができます。

もちろん、いっしょに入社した同期のあいだでも、慣性の法則が働くまでの時間には差があるでしょう。同期の仲間が先にアクセルから足を離したように見えれば、焦りを感じるかもしれません。しかしこれまで見てきたように、成長や進歩の曲線は人それぞれ。プロ野球のルーキーでも、即戦力として最初から1軍で活躍する選手もいれば、1～2年はファームで過ごす選手もいます。

ファームで加速のためにエネルギーを使うより、最初からすぐに慣性の法則に乗れる即戦力のほうがいいと誰でも思うでしょう。しかし**現実の世界では、いつまでも慣性の法則だけで行けるわけではありません。**

永久に等速度運動が続くのは、空気抵抗などの摩擦力がないときだけ。物理の問題では「摩擦力はないものとして計算せよ」という条件が設定されますが、宇宙空間ならともかく、地球上では転がるボールもいつか止まります。

私たちの仕事も、実際にはさまざまな「摩擦」が生じて、ブレーキがかかることがあるでしょう。「即戦力」の選手も、必ずどこかのタイミングで勢いが鈍《にぶ》り、再びアクセルを踏まざるを得なくなります。ファームでハードな練習を積んだ選手は、その時期に慣性の法則に乗って楽々と前進しているかもしれません。

トータルで考えれば、注《つ》ぎ込むエネルギーの総量は同じようなものになるのではないでしょうか。

タモリさんの慣性と加速度

前に五木ひろしさんの話をしましたが、芸能人の売れ方にも「F＝ma」と慣性の法則が当てはまるケースが少なくありません。売れるまでは多大な努力が求められるけれど、いったん売れてしまうとさほど力を入れずラクに稼ぐことができるのです。

とくにそれを感じるのは、大物のお笑い芸人のみなさん。もともとは漫才やコントなどが本業だったはずなのに、大物になるとほとんどネタをやらずにバラエティ番組の司会業だけで人気を保てるのがその世界です。

もちろん、司会の仕事が簡単だというつもりはありません。それはそれでプロとして腕を磨く必要があるでしょう。でも、漫才やコントで売れるためにネタを書き、練習を積んでは舞台で披露して、まったくウケずに落ち込んでまた別のネタを考えて……という日々にくらべれば、確固たる地位を得た後はエネルギー効率がいいと思います。

　そんな省エネ司会者の代表格は、タモリさんです。『ミュージックステーション』（テレビ朝日系）を見ていると、出演者に「髪切った？」などと聞いたりするぐらいで、ムリに面白いことは言いません。タモリさんのロボットを置いておくだけでも番組が成立するのではないかと思うぐらいです（実はこの存在感こそが何よりのタレント性ですが）。

　若い人たちはご存じないかもしれませんが、コメディアンとして世に出てきた当時のタモリさんのエネルギーは凄まじいものでした。「四カ国親善麻雀」「ハナモゲラ語」「イグアナの真似」などなどの尖《とが》りまくった芸は、まさにアクセル全開の急加速。あの強烈な毒のある面白さがあったからこそ、脱力してもやっていけるのでしょう。

　１９８２年に始まって35年を超える長寿番組になった『タモリ倶楽部』（テレビ朝日系）も、いまでこそあまりエネルギーを使わずにダラダラと続けているような印象ですが、「空耳アワー」をはじめとするあのユルいスタイルを視聴者に広く認知させるには、最初の数年で相当なエネルギーを使ったと思います。あの最高のダラダラ感の良さが浸透するのにも、はじめの加速が必要です。

　同じ年に『笑っていいとも！』（フジテレビ系）も始まっていますから、当時のタモリさんは力が漲《みなぎ》っていたにちがいありません。

しかし、レギュラー番組がどれも慣性の法則で進むようになったからといって、タモリさんが完全に省エネ芸能人になったわけではありません。

『笑っていいとも！』が終わると、こんどは『ブラタモリ』（ＮＨＫ総合）を始めます。これも『タモリ倶楽部』同様、一見ユルいノリではありますが、あんなにマニアックな内容の番組を「お茶の間の定番」にするのは並大抵のことではありません。あそこでタモリさんはまた思い切りアクセルを踏んだわけです。

それができるのも、それまでのレギュラー番組を慣性の法則で走らせることで、エネルギーを蓄えることができたからでしょう。常にアクセルを踏みっぱなしでは、なかなか新しいことにはチャレンジできません。

中には新しい領域を開拓しようとせず、司会業だけで満足しているように見える「大物芸人」もいますが、タモリさんは**「加速」と「慣性」のメリハリ**をつけることで、長いあいだ進歩し続けているわけです。

ハイデガーという荷物を降ろして加速度を上げた私

ここまでは、加速度を上げるためにはより大きな力（エネルギー）が必要になるという話をしてきました。しかし「F＝ma」という式から得られる知恵はそれだけではありません。たしかに、左辺のF（力）が大きければ右辺のa（加速度）も上がりますが、この式にはもうひとつ「m（質量）」という要素があります。

では、同じ力で加速度を上げるには、どうすればよいでしょうか。文系人間でも、これぐらいの数式はわかるでしょう。

力＝質量×加速度なのですから、左辺の大きさをそのままにして加速度を大きくするには、質量を減らすしかありません。式を見なくても、これは感覚的にわかるはず。ボウリングのボールとテニスボールを同じ力で投げれば、軽いテニスボールのほうがより加速するのは明らかです。

ですから、**加速度をつけて早く慣性の法則に乗ろうと思ったら、「積み荷」を少し降ろして「m」を小さくするのもひとつの方法。**

たとえば勉強でも、自分にとって「荷」の重い科目から始めると、なかなか加速しません。同じエネルギーを使うなら、荷の軽い科目から始めて思い切り加速してから、その勢いで荷の重い科目に取りかかったほうが楽に乗り切れるのではないでしょうか。

私自身、こんな経験があります。

大学院生時代に、私はある読書会に参加していました。ハイデガーの『存在と時間』を原書で読むという会です。そもそも難解な哲学書をドイツ語で読んで理解しようというのですから、きわめて荷の重い勉強であることはいうまでもありません。しかもそれに加えて、メルロ゠ポンティを原書で読む会にも参加していました。こちらはフランス語です。ものすごいエネルギーをかけなければなりませんでしたが、それぐらいの負荷をかけて自分を鍛えなければ、立派な論文を書くことはできないと思っていました。当時の私は、歴史に名を残すような偉大な思想家になりたいという野心に燃えていたのです。

しかし、最初は「やってやるぞ」と意気込んでいたものの、何しろ難しいのでなかなか勉強が進みません。巨岩にしがみついてウンウン押しているのにビクとも動かず、ただ時間とエネルギーだけが失われていくような感じです。

そして、あるときふと我に返りました。

「自分はこんなことに力を使っている場合なのだろうか？」

人生は有限です。ハイデガーにもメルロ＝ポンティにも大きな価値はありますが、それにばかりエネルギーを費やしていたのでは、**加速する前に自分の人生が終わってしまうかもしれません。**

自分を鍛えるのも大事だけれど、大事なのは論文を書くことであって、その準備だけしていても仕方がない。

助走でエネルギーを使い果たしてしまったら、ジャンプするときには加速どころか失速してしまいます。

ちょうどそのとき、私は『ゲーテとの対話』（エッカーマン／山下肇訳／岩波文庫）という本を読んでいました。そこで出合ったのが、ゲーテのこんな言葉です。

〈とにかく差し当たって大物は一切お預けにしておくことだね。君はもう十分に長いあいだ努力を重ねてきたのだから、今は人生の明るいのびのびしたところへさしかかったときなのだ。これを味わうには、小さな題材を扱うのが一番だよ。〉

なるほど！　ゲーテがそう言うならきっと間違いないはずだ！――と、この言葉にも背中を押されて、私はハイデガーとメルロ＝ポンティという「大物」を自分の荷台から降ろしました。そうなれば、すぐにでも手の届く「小さな題材」はいくらでもあります。

そこからの1年間で、私は立て続けに4～5本の短い論文を書き上げました。「m」を小さくしたことによって、まさに明るくのびのびと加速度を上げることができたのです。なにしろ運んだ荷が軽いので、かつて目指していたような偉大な思想家への道は遠くなりました。しかし書いた論文が評価されて、大学での職を得ることができたのです。

「加速度ゼロ」の先生に良い授業はできない

いかがでしょう。「F＝ma」という式が私たちの人生にさまざまな知恵を授けてくれることが、おわかりいただけたのではないでしょうか。

人生曲線を上向きにするには、まず微分的思考で**現時点の瞬間的な勢い＝速度**を知らなければいけません。それをさらに上向きにしたいなら、**どうやって加速度（a）を大きくするか**を考える。そのためには、**これまで以上のエネルギーを投入して多くの力（F）をかけるか、背負う荷物を減らして質量（m）を小さくする必要がある**わけです。

いまこの瞬間の勢い（速度）が満足できるものなら、そこには慣性の法則が働くので、エネルギーを増やしたり荷物を減らしたりしなくても、同じ勢いで進んでいくでしょう。その場合は、エネルギーを何か別のことを加速させるために使えばいいのです。

先ほどお話ししたように、タモリさんはそうやって「慣れた仕事」と「新しい挑戦」をバランスよく手がけてきました。

同じようなことは、誰にでもできると思います。

それこそ新入社員は会社の仕事にエネルギーを使って加速しなければいけませんが、会社に慣れてアクセルを踏み込まずに走れるようになったら、学生時代から趣味でやっていたバンド活動にエネルギーを使えるようになるかもしれません。「いまは婚活の加速度を上げたい」ということなら、職場での出世競争のほうは少し荷を降ろして、エネルギーをデートのほうに割《さ》くという考え方もできるでしょう。

いま自分は何の加速度を上げたいのかを明確にすることで、効率的なエネルギー配分を考えることができるのです。

中には、すべてを慣性の法則に任せて日々を暮らしている人もいるかもしれません。試しに、いまの自分を振り返って、何を加速させようとしているか考えてみてください。

どこにも大きなエネルギーを注ぎ込まず、淡々と日々を過ごしていませんか？　もしそうだとすると、それは「慣性の法則」というより「惰性の法則」ではないでしょうか。

それはそれで平穏で苦労のない生活だとは思います。ただ、**加速度のない人には「向上心」がありません。**それは本人より、周囲で見ている人たちのほうがよくわかります。本人は順調に気持ちよく平常運転しているつもりなのですが、加速度がないので、外から見るとどうもやる気が感じられない。これでは、信用を失ってしまいます。

たとえば、「加速度のない先生」が学校にいたらどうでしょう。というか、そういう先生はわりとよくいます。教える内容は毎年同じなので、いちいちアクセルを踏み込まなくても慣性の法則で授業はできてしまう。とりあえず仕事をこなすだけなら、向上心なんか必要ありません。

でも授業を受ける生徒のほうは、そこで初めて出合う知識によって人生を加速しようとしています。向上心のない加速度ゼロの先生が、生徒の加速度を上げられるものでしょうか。答えはもちろん、ノーです。教える先生に加速度がなければ、教わる生徒も加速することはありません。授業時間が終わるまで「たりぃ～」などとブツブツ言いながら惰性で過ごすだけでしょう。

教育には、常に加速度が求められます。慣性の法則でやってよい授業などひとつもありません。そして、授業に加速度をもたらすのは教える側の「ワクワク感」でしょう。

たとえば数学の「三平方の定理」は、先生にとって飽き飽きするほど当たり前の知識です。しかし古代ギリシャのピタゴラス学派がこの定理を発見したときは、どうだったか。なにしろこの定理があれば、山までの距離と山頂の角度を測るだけで、いちいち登らなくても山の高さがわかってしまうのですから、それはもう、興奮して踊りたくなるぐらいの大発見だったことでしょう。ピタゴラス派の人々は、その発見のために多大なエネルギーを使い、加速度を高めていたはずです。

その発見のすごさを生徒に伝えるには、教える先生自身がワクワク感を持って加速していかなければいけません。三平方の定理を教えるために教壇に立ったとき、「また今年もこれを教えるのか……」などとウンザリしているのと、「三平方の定理はすごい！　すごすぎる！」と興奮しているのとでは、教室全体の加速度が雲泥《うんでい》の差です。

教育には、新しい知識を求める「憧れの矢」のようなものが欠かせません。それを生徒に持たせるには、まず先生自身が「憧れの矢」となり、加速度をつけなければいけない。そうでなければ感動は伝わらず、憧れも生まれないのです。

だから私は教員志望の大学生にも、授業に行くときは、戸をガラガラと開けて教室に入る前に加速度をつけるよう教えます。

世界史なら、そこで「アメリカのニューディール政策はすごすぎる！　いま自分ほどニューディール政策に燃えている人間はいない！」と思えるぐらいの準備をしてほしい。

英語でも「私はいま三人称単数現在のSに猛烈に感動している！」と思えるぐらいでなければ、良い授業はできません。三単現のSに感動するのはなかなか難しいことですが、それさえワクワクしながら教えるのがプロの教員というものでしょう。

先生が教室に現われた瞬間に、生徒はその加速度を感じ取っています。

微分的思考ができるのが「教養人」の最低条件

もちろん、加速度が必要なのは学校の先生だけではありません。商談でも、デートでも、相手の気持ちを動かしたければ、会う前に加速度をつけておくことが大切です。

それどころか、一日の始まりに家族や会社の同僚にかける「おはよう」のひとことでさえ、加速度の大きさによって意味がまったく違ってくるでしょう。

単に「昨日の続き」として惰性で今日を生きるのか、向上心を持って昨日より今日を加速させるのか。物事の変化に対する微分感覚を持つと、そんな日常的な挨拶にさえ意味を与え、それによって自分の生活に良い変化を起こすことができるわけです。

そう考えると、高校で習う数学や物理の知識が、理系の人たちだけに「役に立つ」ものだとはいえません。理系・文系に関係なく、誰でもその思考法を自分の暮らしに生かすことができる。**この章で紹介した微分と運動方程式 F = ma は、高校の授業で教わるあらゆ**

る知識の中でも、いちばん尊いものだと私は思っています。実際、ハイデガーやメルロ＝ポンティと格闘したド文系の私でさえ、そこで微分や加速度の感覚を身につけていたおかげで、学者としての人生を切り開くことができました。

そもそもニュートンが発見した微分と運動方程式は、人類にとってきわめて大きな価値を持つ知的な財産です。ニュートンはそこから万有引力の法則にたどりつき、宇宙も地上も同じ物理法則にしたがうことを明らかにしました。その画期的な発見によって、宇宙の謎に迫る科学者たちの研究は大きく前進したのです。

そう聞くと「やはり理系の話じゃないか」といいたくなる人もいるでしょう。しかしニュートンの発見は、単に理系の勉強に役に立つというだけの矮小《わいしょう》なものではありません。それこそ進歩を加速させて人類史を大きく変えた偉大な業績です。「知っていればテストでいい点が取れる」などというちっぽけな知識では決してない。一応は高校で教育を受けた人間なら、「教養」として身につけておくべき宝物のような知識だと私は思います。

ところがいまの高校教育では、物理が必修科目ではなくなってしまいました。そのため、高校で物理を履修しない人が8割を超えるという事態になっています。目先の大学受験に必要なことだけ勉強すればいい、ということでしょう。

一方で高校や大学に「グローバルな舞台で活躍できる人材を育てろ」などと要求する人も多いわけですが、こんなことをしていたら、国際社会に通用する教養人など育ちません。たとえ文系の分野でも、微分や運動方程式のことを何も知らないようでは、一人前の教養人とは見なされないでしょう。

だから私は、この本を微分の話から始めました。高校を卒業したのなら、せめて微分と運動方程式を踏まえた考え方ができるようになってほしい。

ここまでお話ししてきたように、微分的思考をすれば物事の変化を見極めることができますし、エネルギー配分を変えることで人生の加速度をコントロールすることもできます。そうやって、ニュートンの発見を自分の生活に生かすことのできる人は、それだけで十分に「教養人」と呼べるのではないでしょうか。

使える！　微分的思考のポイント

- 微分とは、ある瞬間の変化の勢いを見極めようとすること
- 正比例幻想にとらわれていない？
- 物事は加速度と慣性で動いていく
- 運動方程式 F = ma の知恵を生かそう

2章 関数

「f」で生まれる無限のアイデア

井上陽水の「ジャズ化」を数学的に考える

前章では、微分的思考をするために、世の中の「変化」に注目しようというお話をしました。そういう見方を身につけるだけでも、あれほど「役に立たない」と毛嫌いしていた数学を日常的に活用できることが、よくわかっていただけたと思います。

「もっと自分に使える数学を教えてくれ」という気持ちになった人もきっと多いでしょう。

そこで次に、また別の数学的な着眼点をお教えします。こんどは、物事の「変化」ではなく**「変換」**に目を向けてみよう、というお話です。変換とは**何かを別のものに変えること**なので、変化の一種だといえるかもしれません。

誰にでも身近な変換といえば、パソコンやスマートフォンなどで毎日のようにやっている「漢字変換」でしょう。ひらがなで入力して変換キーを押すと、漢字に変換してくれるわけです。

では、数学でこの「変換」をしてくれるのは何か。それは**「関数」**です。

1次関数や2次関数といった言葉は思い出せても、「はて関数って何だっけ？」という文系人間が大半でしょうが、**関数の式とは、何かを入力すると別の何かに変換して出力してくれるもの**だと思ってください。

昔は関数のことを「函数」とも書きました。それこそパソコンにひらがなで入力して変換するとわかりますが、「函」の訓読みは「はこ」。関数はブラックボックスみたいなもので、そこに何かを入れると別の形に変換されて出てくるのです。

そういう**「機能＝function」**を持っているので、その頭文字を取って関数のことを**「f」**と書きます。**「y＝f(x)」という関数は、xに何かを入れると変換されてyになるという意味です。**

たとえばその式が「f(x)＝2x＋1」だとしましょう。このxに1を入れれば、y＝3。2を入れればy＝5、3を入れればy＝7……という具合に変換されます。

これを一般化した形でグラフ（横軸がx、縦軸がy）にすると、下のようになります（図10）。

では、そんな関数「f」で世の中を見ると、何がわかるかを考えていきましょう。

数式やグラフを見せられた後にそういわれてもピンと来ないでしょうから、まずは身近な音楽の話をしてみます。

私の大好きな井上《いのうえ》陽水《ようすい》さんに、『Blue《ブルー・》Selection《セレクション》』というアルバムがあるのをご存じでしょうか。「飾りじゃないのよ涙は」「ダンスはうまく踊れない」「最後のニュース」といったご自身の曲にジャズ風のアレンジを施《ほどこ》

図10　関数

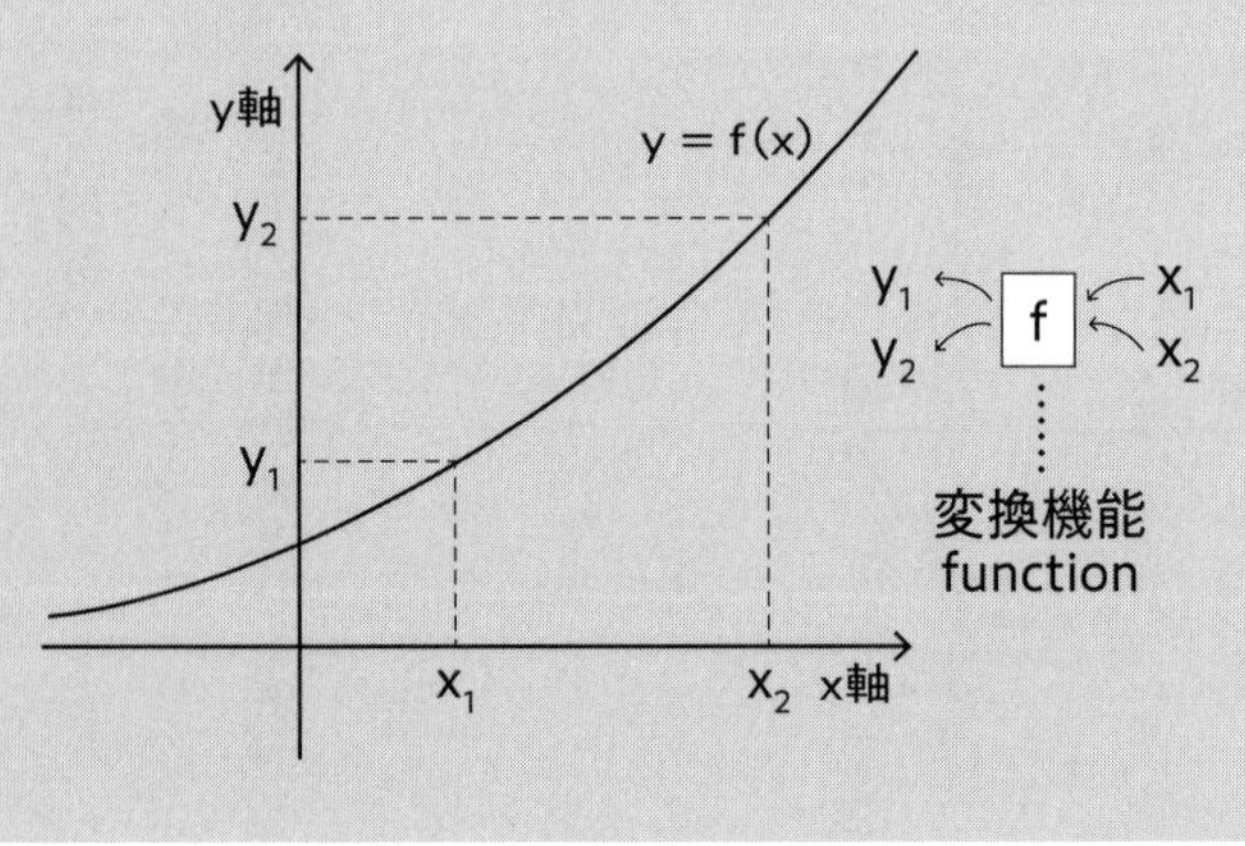

して録音したセルフカバーアルバムです。たしかに、どの曲も原曲とは違うジャズっぽさがあり、聴いていて新鮮な気持ちになりました。

ここでは、陽水さんの曲がジャズ風に変換されています。新しいアレンジによって井上陽水の「ジャズ化」が行なわれたといってもいいでしょう（そもそも陽水さんが歌えば、おそらくどんな曲も「陽水化」されると思いますが、そのお話は後ほどしましょう）。

この**「〇〇化」の変換こそが、「関数f」の働き**にほかなりません。

これを手がけたアレンジの手法が「f」だとすると、そこに何を入れてもジャズ化されて出てくるはずです。あえて単純な話をすれば、ベースとドラムが4ビートを刻んで、演奏にスイング感を出せば、たいがいの曲はジャズ風になるでしょう。

もちろん『ブルー・セレクション』のアレンジはもっとジャズという音楽の深いところまで理解して取り入れていると思いますが、おそらく、ビートルズの曲でも、松田聖子《まつだせいこ》さんの曲でも、あるいはバッハやモーツァルトの曲でも、この「f」を通せばジャズ風に変換されます。**そういう特別な変換機能を持つ「f」が、世の中にはたくさんあるのです。**

変換性がバラバラな画家には個性が感じられない

音楽だけではありません。絵画の世界なら、モネやゴッホといった画家自身が強力な「f」の持ち主です。『ブルー・セレクション』は井上陽水さんの曲を変換しましたが、モネやゴッホが変換するのは自分の見た風景や物。たとえばフランスのルーアン大聖堂は堅牢《けんろう》でシャープな佇《たたず》まいの建物ですが、モネがそれをモチーフにして描いた連作はまったく写実的ではありません。どれも建物がドロドロというかフワフワというか、やわらかい雰囲気になっています。

ルーアン大聖堂の連作だけがそうなのではありません。モネの作品は、どれを見ても「モネ風」としかいいようのないタッチで描かれています。それがモネという画家の作風であり、作風とは自分の見たものをそういう形に変換する「f」のことなのです。

そして私たちがモネの展覧会に足を運ぶのは、モネの「f」を味わいたいからでしょう。もしモネ展にほかの画家の絵が混ざっていたら、それがどんなに良い絵であっても、「これじゃない」と違和感を抱くはずです。

たとえばコンクールの入賞作を集めた展覧会のように、いろいろな画家の「f」を見比べることで楽しめる場もあるでしょう。そういう展覧会で、一緒に行った人に「どっちが好き？」と聞くとき、私たちは「どっちが上手《うま》いと思う？」と技術を比較したいわけではありません。その質問は、「どっちのfが好き？」という意味でしょう。

音楽でも絵でも、私たちはそれぞれのアーティストの作品そのものだけでなく、**その人の「f」を楽しむことができる。誰かのファンになるとは、そういうことなのです。**

以前、ある日本人画家の個展でこんなことを感じました。

国内ではそこそこ名前の知られた画家ですが、国際的に高く評価されるような存在ではありません。その絵を見ると、たしかにどれも上手です。しかし私には、その画家の「f」が何なのかわかりませんでした。音楽のアルバムでいえば、「ジャズ化」した曲もあれば、「バロック風」にアレンジした曲もあるという感じでしょうか。同じ画家の絵なのに、変換性がバラバラなのです。

さまざまな時期に描かれた作品なので、作風の変化があるのは当然でしょう。たとえばピカソにしても、いわゆる「青の時代」に描かれた作品とキュビズムの作品は同じ「f」には見えません。

ところがその画家の絵は、どの時期に描かれた作品も誰かの「f」を真似ているように見えました。「f」がバラバラであるだけでなく、どこにも本人の「f」があるように感じられないのです。


ひとつひとつの絵が上手に描かれていても、これでは見るほうはあまり楽しくありません。もしかしたら「好きな絵」は1枚か2枚ぐらい見つかるかもしれませんが、「f」が何なのかがわからなければ「この画家が好き」とはいえないのです。

好きな画家の絵は、初めて見てもその人の絵だとわかることが多いでしょう。これも、その画家の「f」を好んでいるから。とくに好きではなくても、モネとピカソの絵を見せられれば、たいがいの人は知らない作品でも区別がつきます。

面白いことに、どうやら、この「f」を見極める能力は、人間だけが持っているわけでもないようです。1995年にイグノーベル賞を受賞した心理学者の渡辺《わたなべ》茂《しげる》先生（慶應義塾大学名誉教授）の研究では、ハトはモネとピカソの絵を見分けられることがわかりました。さらに渡辺先生の研究で、文鳥はバッハとストラヴィンスキーの音楽を聴き分けることもわかったそうです。

この話を聞いて「鳥の能力はすごい」と思う人もいるでしょう。たしかにそういう面もあるのですが、逆にいうと、ハトや文鳥にさえ見分けられる明確な特徴がなければ、本物の「f」とはいえないということでもあります。そんな「f」を作り上げるのが、一流アーティストの条件なのです。

哲学の「関係主義」とは何か

何となく、関数 $y = f(x)$ の面白さがわかってきたでしょうか。いささか極端なことをいえば、アーティストの個性を楽しむには、じつのところ「x」には何が入ってもかまいません。アウトプットの「y」が個々の作品になるわけですが、これもそれほど重要ではない。xからyに持っていく**変換の仕方**にその人の個性があり、私たちはそれを見て「さすがモネ」とか「やはりゴッホはいいですねぇ」などと感じるのです。

このように、**実体としてのxやyではなく、両者の関係性に注目する見方や考え方のことを「関係主義」といいます。**

さまざまな存在を独立・自立したものとしてとらえる「実体論」とは対照的なこの発想は、これまでに哲学者をはじめとする多くの人文学者が自分の研究に取り入れてきました。

言語学者・言語哲学者として有名なソシュールもそのひとり。**ソシュールは、言語とは「差異の体系」だと主張しました。**

たとえば日本語の「イヌ」と英語の「dog」という単語を並べたとき、その両者の意味は完全には一致しません。なぜなら、「イヌ」と「dog」は、それぞれ置かれている体系の中での位置が違うからです。「イヌ」をとりまく「狼」などの他の日本語との差異によって「イヌ」の意味は決まります。英語の体系はまた別です。

だとすれば、実体として存在するひとつひとつの単語だけに注目しても、言語そのものを理解することはできません。似ているけれども微妙に違う差異から意味が生まれるのだから、その差異という関係性こそが言語の本質だというわけです。

ソシュール言語学は難しいので、ここではこれ以上触れないでおきましょう。**関数とは関係性に注目する数学的な考え方であり、それはソシュール言語学のような文系の学問ともつながっている**ことだけわかってもらえれば十分です。

もっと身近なところで考えてみましょう。私たちはしばしば「Aさんはいい人だよ」とか「Bは悪い奴だ」などと決めつけます。これはいわば、実体論。それぞれを独立した実体として評価しているわけです。

しかし関係主義で見ると、必ずしもそういう評価には

フェルディナン・ド・ソシュール
(1857～1913)
スイスの言語学者。「近代言語学の父」

なりません。

Aさんは、Cさんとの関係では良い面が出てくるけれど、Dさんとの関係では悪い面が出てくる可能性もあるでしょう。

人はみんな、他者との関係性によって行動や考え方などが変わります。ですから、ある場面の振るまいだけで、その人の全人格を判断することはできません。**私たちは、関係性をさまざまに作りながら、複雑な人間関係を築いているのです。**

家族を考えても、自分ひとりでは何の役割も生まれないでしょう。結婚して妻がいなければ夫にはなれないし、夫がいなければ妻にもなれません。父親や母親にしても、子どもがいて初めてなることができます。

夫は妻という存在を通して夫になるし、親は子どもという存在によって父親や母親に変換される――米国の発達心理学者エリクソンは、この相互性によって親子はそれぞれ変化するといいました。子どもが小学生なら親は「小学生の親」ですが、高校生になれば「高校生の親」になるわけです。

そういう点でも、**私たちの暮らしは関係性なしには成り立たないのだといえるでしょう。**

すべてのことを関係として捉える関係主義的な見方は、実体ではなく変換に注目する「f」の考え方とつながっています。

真似したいほど魅力的な「f」の偉大さ

この関係主義的な見方を文化の歴史に当てはめると、偉大なアーティストたちの存在意義が違って見えてきます。

たとえばモネという「f」（モネ変換）には、私たちを楽しませるすばらしい作品を数多く生み出したという点で大きな価値がありますが、彼の存在意義はそこにとどまるものではありません。モネという「f」は、美術史の中で「印象派」という大きな潮流を生み出しました。そこにある物を写実的に描くのではなく、自分の網膜に映っている光のゆらめきなどを含めてキャンバスの上で表現するのが印象派です。

その呼称は、モネの「印象・日の出」という作品を批評家が酷評したところから生まれました。その「f」があまりに斬新で強烈だったからこそ、最初は受け入れられなかったのでしょう。しかしそのスタイルは多くの画家に影響を与えたばかりか、音楽や文学の分野にも「印象派」が生まれました。モネは自分自身の作品を超えて歴史を変えてしまうほど「巨大なf」だったわけです。

音楽史を振り返れば、たとえば「交響曲」という形式を完成させたハイドンは「巨大なf」のひとりでしょう。ハイドンという「f」が作った潮流から、ベートーヴェン、ブラームス、マーラー、チャイコフスキーなどの膨大な交響曲群が生まれたのです。

ジャズの世界なら、「ビ・バップ」と呼ばれるスタイルを創始したチャーリー・パーカーは間違いなく「巨大なf」。ロックなら、もちろんビートルズがその筆頭です。70年代以降、多くのミュージシャンがビートルズの影響を受けて多様な音楽を作りました。先ほど名前を挙げた井上陽水さんもそのひとりです。

印象派にしろ、交響曲やビ・バップやビートルズにしろ、ひとりのアーティストの「f」が真似したいほど魅力的だったからこそ、それは**時代の潮流を変えるほどの「巨大なf」**になりました。影響を受けた人たちも、その潮流の中でそれぞれが自分の「f」によって新しいものを生み出していったわけですが、**「真似」ができるのはその「f」が明確な変換性を持つからです。**

真似といえば、少し前に『もし文豪たちがカップ焼きそばの作り方を書いたら』(神田桂一、菊池良/宝島社)という本が話題になりました。もともとはツイッターで拡散した「もしも村上春樹《むらかみはるき》がカップ焼きそばの容器にある「作り方」を書いたら。」というネタから始まった遊びです。太宰治《だざいおさむ》、三島由紀夫《みしまゆきお》、夏目漱石《なつめそうせき》などの文体でそれを書くと、じつに面白い。コロッケさんのような「物真似」が面白いのと同じことです。

そんな遊びができるのも、それぞれの文豪が特徴的な文体を持ってるからでしょう。歌手もそうですが、わかりやすい特徴のない人は物真似されませんし、してもあまり面白くありません。

そして「カップ焼きそばの作り方」は、書いてある内容はみんな同じなのに、文体だけで個性的で面白い作品になります。作家の個性が、作品の内容よりも「f」で決まることがよくわかるでしょう。

ですから、その人の文体さえ好きになってしまえば、誰もが認める傑作はもちろん、多くの人が「これはちょっと」という駄作でも楽しく読めてしまいます。

私にとっては、ニーチェがそうでした。ニーチェの草稿ばかり何巻にもわたって収めた本を大学院生時代に延々と読んだのですが、なにしろ草稿なのであまりまとまりのない文章もたくさんあります。それでも、すべての文章からニーチェのスタイル（ニーチェというf）を感じられるので、ニーチェ好きは面白く読める。

また、翻訳でもニーチェらしい文体が失われないあたり、その「f」はきわめて強力な変換性を持っているのでしょう。

その「f」の強さは、私が教えている学生にもわかるようです。授業でニーチェの『ツァラトゥストラはかく語りき』を読んだあと、「ニーチェの文体で自分のことを書くエッセイ」を課題に出すと、「逃れよ君の孤独の中へ」みたいな独特の切れ味鋭い命令形などを使って、いかにもニーチェ風の文体のエッセイを書いてきます。

ニーチェの文体は生き方のスタイルでもあります。文体は英語でスタイルです。このスタイルが、関数fです。

歌手の「f」を見極めるのがプロデューサーの仕事

音楽の世界には、「カバーアルバム」というものがあります。前に紹介した井上陽水さんの『ブルー・セレクション』は自分の曲を歌うセルフカバーアルバムですが、他人の曲ばかり歌ったものを集めたのがふつうのカバーアルバム。いうまでもなく、これはその歌手の「f」が好きでなければ楽しくありません。

また、すばらしい「f」の持ち主でなければ、カバーアルバムが企画されることもないでしょう。凡庸《ぼんよう》な「f」の人が他人の曲を歌うのを聴くぐらいなら、オリジナルを聴いたほうが楽しいに決まっています。

徳永英明《とくながひであき》さんのカバーアルバム『VOCALIST』シリーズは、ミリオンセラーになりました。徳永スタイルの「徳永ｆ」に魅了されたということです。

私が好きなのは、中森明菜《なかもりあきな》さんのカバーアルバム。何枚も出していて、すべて持っていますが、どの曲も明菜さんという「ｆ」によって新しい命を吹き込まれたような出来映えです。

機会があったら、アニメ『新世紀エヴァンゲリオン』のテーマ曲「残酷な天使のテーゼ」だけでも聴いてみてください。凄味のある低音がオリジナルにはない怖さを漂わせていて、まるでもともと明菜さんのために書かれた曲のような印象さえ受けます。

古いところでは、私は藤圭子《ふじけいこ》さんの大ファンでもありました。若い世代には「宇多田《うただ》ヒカルさんのお母さん」といわないとわからないかもしれません。とにかく彼女の歌が好きなので、カバー曲も含めてすべて収録されているＣＤ全集を買ったほどです。

その中に森進一《もりしんいち》さんの「さらば友よ」をカバーしたものも入っているのですが、これがじつにすばらしい。森さんも強烈な「f」の持ち主ですが、藤圭子さんの「f」はそれに負けず劣らずのパワーがあり、曲にまったく別の魅力を与えているのです。

そうやって、カバー曲を「自分の作品」に仕立て上げられるほどの「f」の持ち主はそんなに多くありません。それは、素人さんのカラオケと比べればよくわかります。

カラオケは誰が歌っても「カバー」ですが、上手い素人はいても、その人の「作品」として鑑賞できるような歌唱力の持ち主はまずいません。点数の出るカラオケで100点を連発するほど歌が上手くても、プロの歌手になれるわけではない。むしろ、音程やリズムはややおかしくて、カラオケの機械で高得点は出ないけれど、その人にしか生み出せない良さを表現できる人がプロになれるのです。

ですから、新しい才能を発掘するプロデューサーのような人にいちばん求められるのも、歌の上手い下手を聴き分ける耳ではありません。それも必要でしょうが、もっと大事なのはその人が持っている「f」の価値を見極める能力です。どんなに歌の上手い人を見つけても、その人の「f」が生きる曲を与えることができなければ、ヒットは出ません。

たとえば「卒業」というデビュー曲が大ヒットした斉藤由貴《さいとうゆき》さんは、どんな曲で売り出すかを決める前に、スタジオでほかの人の曲をいくつか録音しました。それを聴いて、向き不向きを判断しようというわけです。その一部をテレビのトーク番組で聴いたことがありますが、松田聖子さんの「夏の扉」なども歌っており、とても上手なのでビックリしました。しかも聖子さんの真似ではなく、自分の歌い方になっている。その番組にはご本人も出演していて、昔の自分の歌を「これ上手くないですか？」と笑っていたぐらいです。

でも、デビュー曲の路線はそれとは違うものになりました。デビュー曲の「卒業」がやや暗さのある繊細なテイストになったのは、彼女がスタジオで歌ったあみんの「待つわ」が決め手でした。それも番組で流されましたが、それはもう、聴いていてゾクゾクするほど彼女の声や歌い方に合っている。中森明菜さんの「残酷な天使のテーゼ」と同様、「待つわ」もまるで斉藤由貴さんの持ち歌のように聞こえました。

その「待つわ」を聴いて「この路線で行こう」と決めたのが、作詞家の松本隆《まつもとたかし》さんだったそうです。デビュー曲の「卒業」も、松本さんが作詞をしました。歌手の「f」を見極めてそれに合った曲をつくり、大ヒットを生んだのですから、プロの仕事とはすごいものです。

決して「いまの時代はこういうのがウケるから、これを歌いなさい」ということではない。いわば歌手本人の「f」を見抜いて、その変換性を具体化する関数の数式を書くようなものでしょうか。よく「計算どおりにうまくいった」という言い方をしますが、この場合は「斉藤由貴という関数の数式はこれで正しかった」ということかもしれません。

石川さゆりと佐伯祐三に合う「f」は何だったのか

中には、デビュー時の変換式が本人の「f」と合っていなかったと思われるケースもあります。

たとえば、石川《いしかわ》さゆりさん。若い人には信じられないかもしれませんが、デビュー当時の彼女は「アイドル路線」の歌手でした。「かくれんぼ」でデビューしたときは、「花の中三トリオ」のひとりとして大人気だったアイドル・桜田淳子《さくらだじゅんこ》さんと同じ白いエンジェルハットをかぶっていたのをよく覚えています。でも残念ながら、桜田淳子さんを超えるような売れ方はしませんでした。石川さゆりさんがブレイクしたのは、演歌歌手にモデルチェンジして歌った「津軽海峡・冬景色」です。いまでも演歌界の大御所として紅白歌合戦に出場し続けているのですから、それが彼女の「f」に合う変換式だったのは誰が見ても明らかでしょう。

画家も、ふとしたきっかけで自分に合う変換式を見つけることがあります。大正～昭和初期の洋画家・佐伯祐三《さえきゆうぞう》は、その代表作の多くをパリで描きました。そうなったのには、理由があります。

初めてパリに渡ったとき、佐伯はフォービズムの画家として有名なヴラマンクを訪ね、自分の絵を見せました。するとヴラマンクは「このアカデミックめ！」と佐伯の絵を罵《ののし》ったそうです。こんなものはどこかで習ったとおりの描き方で少しも面白くない、自分の本当のパワーを表現しないとダメだ、ということでしょう。

ショックを受けた佐伯は、「自分のパワー」を引き出すモチーフを模索しました。そこで見つけたのが、パリの町中にあるさまざまな「壁」です。破れかけたポスターが貼られた古い壁もあれば、落書きされた壊れかけの壁もある。「これだ！」と思った佐伯は、パリの壁ばかり描くようになりました。彼にとっては、それが自分のパワーをフルに引き出してくれる変換式だったのです。

その後、健康上の理由で帰国した佐伯は日本の風景を描いてみましたが、これがどうもうまくいきません。当時の日本の建物や壁は木造なので、石やコンクリートのパリの町とは違います。硬さのない日本の町や田園の風景では自分の良さが発揮できないと気づいた佐伯は翌年には再びパリに戻り、二度と日本の土を踏むことはありませんでした。佐伯が画家として生きていくために必要な変換式は、パリにしかなかったわけです。

スタイルとは「一貫した変形作用」のこと

ここまで「f」という記号で表わしてきたものは、日常的な言葉なら「スタイル」と呼ぶことができるでしょう。哲学者のメルロ＝ポンティは、**スタイルとは「一貫した変形作用」のことだ**と喝破《かっぱ》しました。

モネやゴッホなどの画家も、中森明菜や藤圭子などの歌手も、村上春樹やニーチェなどの文筆家も、その表現に接した人はそれぞれ独特の「スタイル」を持っていると感じます。

メルロ＝ポンティにいわせれば、**そこに決まった「スタイル」があると感じるのは、何かを別の何かに変形するときの作用に一貫性があるから。**これはまさに関数の働きにほかなりません。「スタイル」という抽象的な概念の根底には、物事の変換を扱う「関数」という数学があるのです。

ですから、「f」としての個性を持つのはアーティストだけではありません。何らかのスタイルを持つものは、みんな「f」として機能しています。

私が関数を「一貫した変形作用」として理解したのは、中学校で**「写像《しゃぞう》」**という考え方を教わったときでした。写像は関数とほぼ同じような概念だと思ってかまわないのです

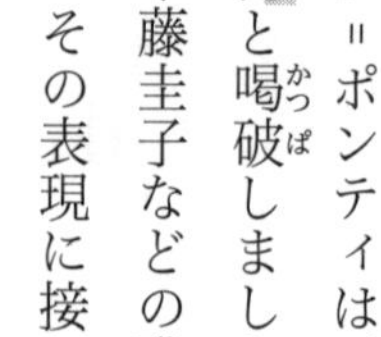

モーリス・メルロ＝ポンティ
(1908〜1961)
フランスの哲学者。現象学の発展に尽くす

が、説明の仕方がちょっと違います。

写像とは、ある集合Xの元（集合に含まれる個々の要素）を、別の集合Yのただひとつの元を指定して結びつける対応のこと。こうして言葉で説明すると難解かもしれませんが、下のような図（図11）を見れば何となくわかるでしょう。この図の場合、集合Xの「1」という元の写像は集合Yの「D」、「2」の写像は「B」ということになります。数字をアルファベットに変換するので関数の式で表わすことはできませんが、そこに「一貫した変形作用」があるのは関数と変わりません。ですから、この写像を「f」という数式で表わすのが関数だと考えればいいの

図11　写像

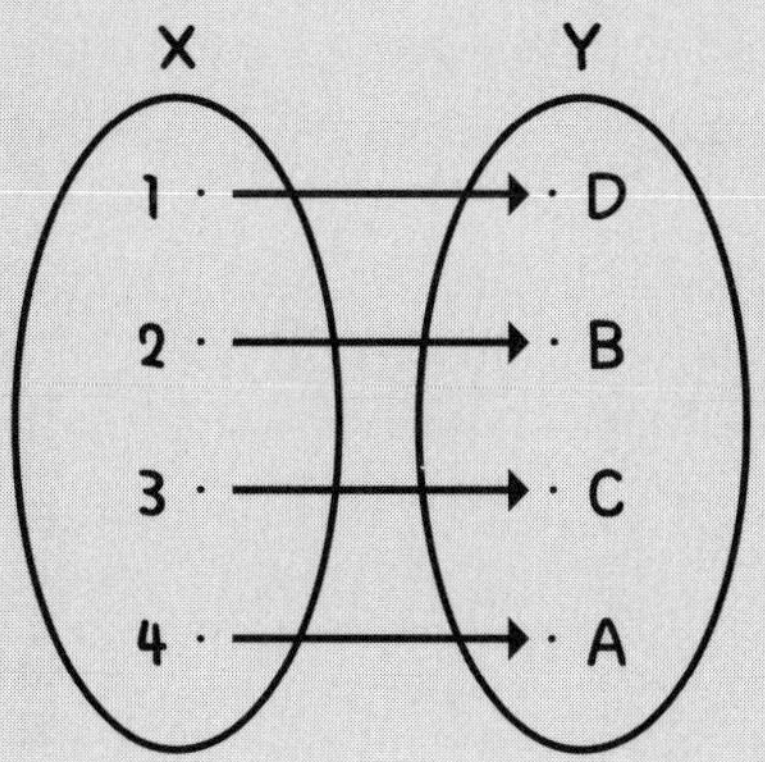

です。

これで関数のイメージを会得した私は、一方で1次関数や2次関数の計算をしたりグラフを描いたりしながらも、「大事なのはこういうことじゃないんだよ」と思いました。**さまざまなところにある「一貫した変形作用」、つまり「スタイル」に注目して世界を見ていこう**と心に決めたのです。

マッケンローのスタイルを完コピ

その考え方を最初に応用したのは、部活でやっていたテニスでした。数学の授業で習ったことを部活で生かす。まさに文系人間らしい数学活用法です。

私は、みんなと同じ練習をして同じようにプレーするのではなく、自分ならではのプレースタイルを持とうと考えました。

そのためには、まず自分の強みと弱みを認識することが大事。私は体が小さいのでボールのパワーやスピードではなかなか勝負になりませんが、その分フットワークには自信がありました。そこで採用したのが「拾って拾って拾いまくるプレースタイル」です。ひたすら相手のボールに食らいついて返球するだけですが、「このスタイルで行く」と決めると、意外とうまくいきました。

でも、以前よりも強くなった手応えはあったものの、やはりそれだけでは攻撃性に乏しいので限界があります。

そこで次に採用したのは、なんとジョン・マッケンローのプレースタイル。私にとって憧れのヒーローでしたし、「マッケンローはあまりパワーがないのに強い」ところも気に入っていました。

当時ライバル関係にあったビヨン・ボルグのパワフルなプレーは真似できないけど、マッケンローにはなれるかもしれない。そう考えて、サーブ・アンド・ボレーの戦い方からサーブのフォームやステップの踏み方まで、マッケンローを「完コピ」するぐらいの勢いで真似したのです。

これもかなり功を奏してテニスの腕は上がりましたし、それより何よりじつに楽しい体験でした。**マッケンローの「f」を知るためにそのプレーをじっくり観察し、それを自分ができるように練習する。**ただテニスという競技を楽しむだけでなく、そのときの私は大好きなマッケンローという「f」のことも存分に楽しんでいたわけです。

私の場合は趣味の範囲で終わりましたが、とくにミュージシャンの中には、10代に取り組んだ「完コピ」がプロへの入口になった人もたくさんいるでしょう。

おそらく井上陽水さんも、ビートルズをコピーするところから始めたのだと思います。

以前、あるテレビ番組で、ビートルズの「フール・オン・ザ・ヒル」を弾き語りで歌うのを見ました。面白かったのは、それが途中から自然と「銀座へ～　はとバスが走る～」と自作の「TOKYO」につながったこと。それを聴くまで、私は2つの名曲に似たところがあることに気づきませんでした。

若い頃に出合ったビートルズの「f」と化学変化を起こすことで、井上陽水さんの「f」が醸成されたわけです。

アップルやホンダの変形作用

ここまでは、個人の「f」に関する話ばかりしてきました。
しかし、一貫した変形作用としての「スタイル」を持つのは、当然ながら個々の人間だけではありません。むしろ、**世の中はほとんどスタイルでできている**といってもいいぐらいでしょう。

たとえば企業がそうです。企業にそれぞれのスタイルがなければ、ある業界から社会に送り込まれる商品やサービスは同じようなものばかりになってしまうはず。そうならないのは、どの会社も、同業他社との競争に勝つために、ほかとは違う個性を打ち出そうとするからです。それが、その会社のスタイルになっていく。一貫したスタイルがなくても、同業他社と違うものを作ることはできるかもしれませんが、それではブランドイメージが定まりません。**信頼性を高めるには、やはり「一貫した変形作用」が必要です。**

例を挙げましょう。アップルには、いまのような巨大企業になる前から、絶大なファンが大勢いました。たとえ他社より不自由でも、たとえ他社より値段が高くても、マックが好き。昔のマックはよくフリーズしてユーザーを困らせましたが、それでもファンはウィンドウズに乗り換えようとしない。アップル製品にしかないデザイン性や遊び心などに惚《ほ》れ込んでいるので、ほかの選択肢は目に入りません。個々の商品にお金を払っているというより、その会社のスタイルを買っているのです。

そのアップルも、スティーブ・ジョブズがいったん会社を離れたときは、固定ファンも一緒に離れてしまいました。その意味では、ジョブズという個人の「f」が会社のスタイルの源泉になっていたともいえるでしょう。再びアップルに戻ったジョブズは、製品のデザインを従来どおりシンプルにすることで、会社のスタイルを立て直しました。やはり、会社の変形作用に一貫性がなくなると、ユーザーの信頼を失ってしまうのです。

自動車業界も、それぞれのスタイルにファンがつきやすい世界のひとつでしょう。典型的なのは、ホンダです。マックのファンと同様、ホンダ車に乗っている人は「昔からずっとホンダ」というケースが多いのではないでしょうか。

そのスタイルの根っこにあるのは、創業者の本田宗一郎《ほんだそういちろう》から継承されているチャレンジ精神。最近では、小型ビジネスジェット機として開発された「ホンダジェット」が、いかにもホンダらしい試みとして話題になりました。フェラガモの靴からイメージしたノーズのデザインや、翼の上にエンジンを配置する設計などが、ホンダにしかできない大胆な発想として高く評価されたのです。

一方、そんなホンダと対極にあるのが、トヨタのスタイル。その最大の個性は「故障しない」ということでしょう。セダン、トラック、ワゴン、４ＷＤなど、どんな車種でもその点は変わりません。変換式の「x」に何を入れても、トヨタという「f」からは長く乗っても故障しにくい車が出てきます。

もちろん、ホンダの車がすぐ故障するわけではありませんし、トヨタにも個性的なデザインの車はありますが、それは「一貫した変形作用」から出たものではありません。だから、ホンダの車が少々クセがあっても、トヨタの車がふつうのデザインでも、それぞれのユーザーはそんなに文句をつけないのです。

就活は会社と自分の「f」の相性が大事

企業のスタイルは、外から見てわかるものばかりではありません。

たとえば商社は、一般消費者向けの商品やサービスを提供するわけではないので、社外の人間には違いがわかりにくいでしょう。でも、そういう業界にもそれぞれに「社風」というものがあります。同じ商社でも、手堅い商売をコツコツと積み上げていくディフェンシブな会社もあれば、リスクのある分野をアグレッシブに手がけようとする会社もある。

そのため、社員の採用方針にもさまざまな違いがあるものです。

ですから、商社なら商社という業界への就職を希望する場合、会社によって社風が違うことを頭に入れておく必要があります。

「商社はこういう人材を求めているはずだ」と思い込んでいると、面接で各社の「f」に対応できません。たしかに、商社には銀行やメーカーの「f」とは違う「f」があるでしょうが、会社は「商社マン」一般を求めているのではなく、自社の社風に合う「社員」を求めています。

実際、伊藤忠と三菱商事ではスタイルが違うと、社員の方が言っています。それぞれの「f」が異なるのです。

そもそも会社の採用面接は、**会社の「f」と入社志望者の「f」が出合う場。**企業の採用担当者が知りたいのは、その人がどんな「f」の持ち主かということです。

「失敗談を話してください」という質問を相手のxに入れたとき、出てくる答えはそれぞれの「f」によって違うでしょう。採用担当者が見ているのは、答えそのものではなく、その変換性です。「商社ならこういう答えを求めるはずだ」という通り一遍の教科書的な答え方をしてもあまり意味がありません。

「短時間の面接でどこまで相手のことがわかるんだろう?」と疑問を感じる人もいるでしょう。でも、大学教員の立場で見ているかぎり、企業の担当者が学生の「f」を見抜く眼力はなかなか大したものです。大学1年生のときからあらゆる課題に手を抜かなかった学生は、やはり内定をたくさん取ってくる。「何事にも全力で取り組む」というその学生の一貫したスタイルは、短い会話からも十分に伝わるのです。

ともあれ、就職は会社の「f」と自分の「f」の相性に左右される面が大きいので、ある業界で次々と落とされたとしても、必ずしもその仕事に向いていないということにはならないでしょう。

たとえば出版社の編集者でも、聞いてみると「就活では出版社をいくつも受けたけど、いまの会社ひとつしか受からなかった」という人はたくさんいます。また、テレビ局の面接をいくつか受けても、「f」の相性のよい1社だけ内定が出たという話もよく聞きます。

「組織と個人」の化学反応

そういう関係が「組織と個人」のあいだにあることは、団体スポーツのチームと選手のことを考えてもわかります。

サッカーの世界で強烈な「f」を持つクラブチームといえば、スペインのFCバルセロナ。高速パスをつなぎにつないで攻撃的に戦うスタイルで世界中のファンを魅了していますが、そのスタイルに合わない選手も少なくありません。もちろん、バルセロナで活躍するには高度なテクニックの持ち主でなければいけませんが、ただ「上手い」だけでは通用しない。実際、ほかのクラブでは大活躍していた大物選手が、バルセロナに移籍したら期待はずれに終わることはよくあります。

ちなみに、「カンテラ」と呼ばれる下部組織からバルセロナで育ち、監督としても多くのタイトルを獲得したグアルディオラは、その後、バイエルン・ミュンヘンやマンチェスター・シティなどの監督になり、そこにもバルセロナの「f」を移植して強いチームを作り上げました。

これも、「組織と個人」の「f」が化学反応を起こすパターンのひとつです。

企業の場合も、経営者の「f」によってスタイルが変わることはあるでしょう。長い歴史のある大企業は、そこの社風に染まったサラリーマン社長が大半ですが、新興勢力のべンチャー企業は経営者が交代すると別の会社かと思うぐらい変わることがあります。
学生の就活だけではなく、転職を考えている人なども、そのあたりに注目して自分との相性を見極めたほうがよいのではないでしょうか。

話はやや逸れますが、「f」の相性が大事なのは結婚も同じです。
人はそれぞれ、自分が育った土地や家庭の「f」に影響を受けながら生活スタイルを築いているので、結婚は「f」と「f」の衝突のようなもの。外でデートをしているあいだはわからなかった「f」の違いが、一緒に暮らしてみて初めてわかることも少なくありません。その違いにどうにかして折り合いをつけながら新しい「f」を作るのが、「新しい家庭を築く」ことの本当の意味だとさえいえるでしょう。

じつは私自身、かなり極端な「f」を持つ家庭で育ちました。というのも、私の家では夕食の時間がはっきりしていません。夜の6時ぐらいに用意された食卓が、夜中の12時ぐらいまでずっと「オープン」の状態なのです。その間、いつ食べてもかまわないので、家族全員が一緒に食卓を囲むということがほとんどありません。

父はそこでチビチビとお酒を飲んだりしているのですが、子どもの私はちょっと食べてはテレビを見に行き、またちょっと食べては自分の部屋で本を読むといった調子です。食事がいつ終わったかも定かではないので、「ごちそうさま」を言ったことがありません。

また、わが家にはテレビが2台あって、常に2つの番組が茶の間に流れていました。それを見ながら、みんな口々に「なんだこの司会者は」などと辛口批評をし続けるのがわが家の日常。それをやりながら、ときどき食卓に行っては何か食べているのですから、何とも落ち着きのない家庭だと思われるでしょう。

当時の私は、どこの家もそんな感じだと思い込んでいましたが、どうやらそうではなかったようです。


こんな「f」を結婚後も続けることはまずできません。相手には相手の「f」がありますから、私も結婚してからは暮らし方を変えました。しかし中には、物心ついたときからの生活パターンをどうしても変えたくない人がいるでしょう。夫婦ともにそういうタイプだと、「価値観の違い」という理由で離婚することになるのかもしれません。

いまは非婚化や晩婚化が少子化の一因として問題になっていますが、その背景には「f」の衝突もあるような気がします。もちろん、結婚したくても経済的な理由でできない人は多いでしょうが、経済的には何の問題もなさそうなのに結婚する気がない人も、少なくありません。それを見ると、慣れ親しんできた自分の「f」を壊したくないのかもしれない、と思ってしまいます。

国や宗教も「巨大なf」

ところで、企業やスポーツのチームなどの「f」が、もっと大きな「f」の影響を受けていることもあるでしょう。それは「国」です。

アップルとグーグルにはそれぞれ独自のスタイルがありますが、その一方で「米国企業」ならではの共通点があるかもしれません。ホンダとトヨタにも「日本企業」ならではの共通点を見出すことがきっとできると思います。ＦＣバルセロナも、「スペインのサッカークラブ」だからこそあのようなスタイルになった面があるでしょう。

企業やスポーツだけではありません。フランス料理、イタリア料理、中華料理、トルコ料理、ギリシャ料理、日本料理……と料理のことを考えただけでも、国の「f」がそれぞれ違う変換性を持っているのは明らかです。そのほかにも、服装、建築物、音楽、文学などなど、「x」に何を入れても一貫性のある（ほかの国とは異なる）スタイルに変換する。**「国というf」**の働きはじつに強力です。

その一貫性が何なのかを言葉で説明するのは簡単ではありません。でも確実に「その国らしい」と感じさせる何かがそこにはあります。

かつて日本では、多くの若者がいわゆる「アメリカン・ウェイ・オブ・ライフ」に憧れた時代がありました。音楽、ファッション、食べ物など、どのジャンルでも「アメリカ風」が流行の最先端だったのです。具体的に何が「アメリカ風」なのか説明できる人はほとんどいなかったでしょう。しかしそこには何らかの共通した変換性があるのです。

いまは価値観が多様化しているので、人によって「好きな国」「憧れの国」はさまざまでしょう。個人の「f」と国の「f」にも、相性の良し悪しがあって、どういうわけか、その国のものに惹《ひ》かれてしまう。いったんイタリアが好きになると、料理、ファッション、スポーツ、車など、何でもイタリアのものに好感を抱くというようなものです。

国のほかにも、そういう大きな枠組みの「f」としては**「宗教」**の存在も忘れてはいけません。仏教、キリスト教、イスラム教などは、国よりもはるかに巨大な「f」です。とりわけキリスト教は、いまの世界を広く覆っている西洋文明の背骨のような存在。音楽、美術、文学、スポーツ、科学といった文化から近代的な社会システムにいたるまで、ひじょうに包括的な影響力を持つ「f」だといえるでしょう。

そうやって考えていくと、やはりこの世の中はさまざまな「f」が複雑にからみ合って成り立っていることがわかります。

もとを正せば、まず地球環境という「f」から生命が誕生し、その生命現象という

「f」からホモ・サピエンス＝人類という「f」が進化しました。その人類という「f」から宗教や民族や多様な文化などのさまざまな「f」が生まれ、その影響を受けながら、私たちひとりひとりの「f」も出来上がっているのです。

カラオケボックスという「y」はどんな関数から出てきたのか

世の中は「f」でできているのですから、日々の生活に関数を活用しない手はありません。身の回りのあらゆる物事を「f」で見てみると、この世界はいままでとは違った姿をしているはず。漠然と眺めているだけではわからない物事の意味が、「f」を意識することによって見えてくるからです。

そこで考えてみてほしいのは、**「これはどんなfから出てきたのか」**ということ。ここまでは「世の中にはどんなfがあるのか」を見てきましたが、y＝f(x) という関数は「xに何かを入れるとyになって出てくる」ことを意味しています。

したがって**同じ「f」でも、xに入れたものが違えばyも違ってくる。そのyを見て、どんな変換によってそれが出てきたのかを考えるのです。**

たとえば、カラオケボックスという「y」はどんな「f」から出てきたのでしょう。いまでは当たり前の存在ですが、カラオケはもともと個室で楽しむものではありませんでした。スナックなどの店にカラオケの機械が設置されていて、飲みに来たお客さんが従業員にリクエストして曲をかけてもらうというシステムです。

ですから、聴いているのは一緒に飲みに行った仲間だけではありません。たまたま店で一緒になった知らない人たちも聴いています。

マイクはみんなに回りますから、その人たちの歌も聴かなければいけません。知らない素人同士がお互いの歌を聴き合うというのも、いま考えてみれば不思議な光景ではありますが、当時はそれでもお互いに拍手をし合い、「お兄さん、上手だねぇ」などと言いながら、それなりに楽しくやっていました。

しかし、お酒を飲む「ついで」に歌うものだったカラオケは、やがて遊びのひとつとして独立した存在感を持つようになり、それ専用のサービスが登場します。それがカラオケボックスにほかなりません。カラオケという x を何らかの「f」に入れたら、カラオケボックスという y に変換されたわけです。

では、それはどんな「f」なのか。これはもう、名称の変化を見ればすぐにわかるでしょう。「カラオケ」を「カラオケボックス」に変換したのは、**「ボックス化」という「f」**です。その変形作用によって、カラオケは仲間同士だけで気兼ねなく歌える（しかも順番も早く回ってくる）新しい娯楽になりました。

それがわかれば、次はこのボックス化という関数について考えることができます。その関数の x に別のものを入れれば、カラオケボックスとは違う y が出てくるはず。ならば、ほかにもボックス化によって生まれたものが何かあるかもしれません。

たとえば店内を細かく仕切って「個室」を用意する居酒屋が増えたのも、ボックス化の一例といえるでしょう。

そうなると、**世の中のトレンドのようなものも見えてきます。**それがウケるなら、何か別のものをボックス化することで新しいビジネスのアイデアが生まれるかもしれません。世の中を「f」で見ることで、そういうヒントが得られるのです。

カラオケとプラモデルの共通点

では、もうひとつ考えてみましょう。カラオケボックスはカラオケをボックス化という「f」に入れた結果ですが、そもそもカラオケというサービスはどんな「f」から出てきたのか。これは、すぐには思いつかないかもしれません。

しかし、こちらもその名前そのものにヒントがあります。カラオケという言葉は、「空っぽ」と「オーケストラ」を合わせたもの。もともとは「伴奏のオーケストラだけ」を意味する音楽関係者の俗語で、肝心の歌(歌手)が「空っぽ」だからカラオケというわけです。それを録音しておけば、生演奏にいちいち大所帯のバンドを呼ぶ必要がありません。歌手だけいれば、ちゃんと伴奏のついた歌を聴かせることができます。それがやがて、素人が歌うことを楽しめるツールとして使われるようになりました。

ここで注目すべきは、「歌の演奏から歌を抜いた」という点でしょう。音楽の伴奏だけを聴きたい人はめったにいません。いわばカラオケは、ハンバーグ定食からハンバーグを抜いたようなものです。未完成な商品なのですから、そんなものが喜ばれるわけがないと思うのがふつうの感覚でしょう。ハンバーグ定食のハンバーグを（お金を払って）自分で作りたい人はいません。

しかしカラオケは違いました。プロの歌を聴きたい人がいる一方で、自分で歌いたい素人さんが大勢いたのです。だから、未完成な音楽が商品になった。つまりカラオケとは、「完成させる喜び」を得るためにお金を払うサービスなのです。

いくらプロの演奏を真似したくても、何もないところから作るのはふつうの人にはできません。演奏する曲の譜面を書き、いろいろな楽器のできる仲間をスタジオに集めて何度か練習して、ようやく歌えるようになります。アマチュアバンドとしてライブでもやるならともかく、そんな道楽につきあってくれる人はなかなかいないでしょう。

でもカラオケは、ほとんど完成品に近いところまで仕上がっています。最後のいちばんオイシイところだけを残して、「どうぞ、あなたの腕前で完成させてください」とばかりにイントロが始まるのがカラオケなのです。


これと同じような遊びは、ほかにもあります。未完成なものを買ってきて、自分で完成させる。それは「プラモデル」です。

好きな物をインテリアとして部屋に飾りたいなら、完成したフィギュアやミニチュアなどを買えばいいでしょう。音楽のCDと同じで、プロが作ったのですから出来映えもいいはずです。でも、プラモデルを買う人は自分で作りたい。とはいえ、材料や部品を一から作ることはできません。だから、ほとんど完成寸前のパーツと設計図を提供して、最終工程の組み立てだけをやらせてくれるプラモデルにお金を払うのです。

カラオケとプラモデルは、一見すると何の関係もありません。この縁もゆかりもなさそうな2つの遊びが、じつは同じ「f」から出てきた、つまり「同じスタイル」を持っているのですから意外な話です。

この「f」から生まれたいちばん素朴な遊びは、おそらく「塗り絵」でしょう。線だけで描かれた未完成の絵に自分で色を塗ることによって、「完成させる喜び」を得る。これは、カラオケやプラモデルとまったく同じスタイルです。先に生まれた塗り絵に敬意を表して、この変換性は**「塗り絵化」**と呼ぶべきでしょう。カラオケは、音楽を「塗り絵化」したものだったのです。

新しいところでは、「ティックトック」という動画作成アプリに、「塗り絵化」の要素があるように思います。BGMつきの動画を一から作るのは大変ですが、これはBGMや特殊効果を選ぶだけでオリジナル動画を簡単に編集することができる。有名アーティストのダンスをみんなで真似するのもティックトックの遊び方のひとつですが、そのあたりもカラオケとよく似ています。

このように、「塗り絵化」という「f」はいくつものヒット商品を生み出しました。それぞれジャンルは異なりますが、使った「f」は同じ。ならば、何かほかのものを「塗り絵化」することで、新しい商品やサービスを作ることができるかもしれません。

先ほど、「ハンバーグ定食のハンバーグを自分で作りたい人はいない」といいましたが、やりようによっては、「料理を完成させる喜び」にお金を出させるサービスも成り立つ可能性がないとはいえないでしょう。

世の中を「f」で見る習慣をつければ、そういうヒントは身の回りに山ほどあるはずです。**何か新しいヒット商品が出てきたら、それがどんな「f」で変換されたのかを考える。**ボックス化や塗り絵化のほかにも、パッケージ化、缶詰化、インスタント化、ミニチュア化（あるいは巨大化）、モバイル化などなど、**世間には多様な「f」があります。**

その関数に気づいて何か別のものに応用しようとするのは、数式やグラフをまったく使わなくても、それだけで立派な「数学的思考法」です。文系の仕事でも、役に立たないわけがありません。**関数は、世の中の仕組みを知るための強力なツールなのです。**

使える！ 関数的思考のポイント

- 関数とは関係性に注目する数学的な考え方のこと
- 実体ではなく、関係性に注目した見方を「関係主義」という
- 「f」はスタイル。スタイル（らしさ）とは「一貫した変形作用」のこと
- どんな「f」で変換されたのかを考えると、世の中の仕組みが見えたり、アイデアを生むヒントを見つけられる

3章

座標

x軸とy軸で世界を評価する

あの哲学者が考案した数学の基本ツール

文系でも「微分」と「関数」を意識することで数学的に物事を考えられるという話をしてきました。どちらも数学の分野なので、最初のほうでは数式を少しだけ使いましたが、それ以外にもうひとつ、共通して出てきた数学のツールがあります。

それは、**座標軸**です。微分の話で、物事の変化を表わすグラフをいくつかお見せしたのを覚えているでしょう。関数の話でも、変換式「y = f(x)」が描くグラフが出てきました。変化や変換などの様子を可視化できるグラフはとても便利です。そして、そのようなグラフは縦と横の座標軸がなければ描けません。

数学が苦手な人でも、座標軸を使ったグラフの基本的な描き方はわかるでしょう。横軸がx、縦軸がyだとすると、まずxとyの値を調べて、その数値からそれぞれの軸に垂直な線を引く。それが交わる点（座標）は、xとyの値が変われば別の位置になります。その交点をたくさん打って線でつなげば、グラフになるわけです。

数学には欠かせないこの座標軸、いったい誰が考案したのかご存じでしょうか。考案者がいる（わかっている）こと自体を意外に感じる人もいるだろうと思います。それが「我思う、ゆえに我あり」で有名な哲学者、ルネ・デカルトだと聞けば、ますます意外に思われるかもしれません。

しかし、デカルトは哲学者であるだけでなく、数学者でもありました。その哲学体系も、数学や幾何学の研究によって培《つちか》われた合理性がベースにあります。

縦軸と横軸が直角に交わる**「直交座標」**の概念を原案として考えたのはデカルトと言われているので、考案者の名を取って、このような直交座標のことを**「デカルト座標」**ともいいます（余談ですが、私は、この座標と「我思う、ゆえに我あり」はつながると考えています。どちらも原点を定めるとほかが決まるということです）。

文系人間の中には、この座標軸を見ただけで拒絶反応を示す人もいるでしょう。数学のみならず、物理や化学

ルネ・デカルト
（1596〜1650）
フランスの哲学者、数学者。「近代哲学の父」

の世界でもグラフはよく使いますから、座標軸からは「理系のにおい」がプンプンと漂ってきます。

でも、座標軸は理系の分野だけで使えるものではありません。微分や関数がそうだったように、文系人間が世の中を観察したり分析したりする上で、座標軸は大いに役に立ってくれます。この章では、直交する「x軸」と「y軸」というシンプルなツールを駆使した文系の「数学的思考法」についてお話ししましょう。

平面上の「住所」は2つの数字だけで決められる

デカルト座標という道具が便利なのは、「位置が決められる」ことです。

まず、座標軸がx軸の1本しかないとしましょう。真ん中が0（原点）で、それより右がプラス、左がマイナス。「+3」とか「-7」などとxの数字をひとつ決めれば、直線上での位置は決められます。いわば、それぞれの数字は直線上での「住所」みたいなもの。もしこの世が1本の直線でできているなら（つまり1次元の世界なら）、位置を決めるためには1本の座標軸があれば事足りるわけです。

しかし世界が平面（2次元）となると、それだけでは位置が決まりません。横軸の数字ひとつだけわかっても、平面はその「上」と「下」に無限に広がっているので、どこに点を打てばいいのかわからないのです。

そこで、原点で垂直に交わるy軸を置き、「−5」「＋2」などとその数字を決めます。すると、先ほどのxと合わせて「住所」を表わす数字が2つになり、（＋3、−5）や（−7、＋2）のところに点を打つことができる。**無限に広がる平面上の位置を、たった2つの情報で決められるのですから、とても便利です。**

私たちが使っている現実の住所は、何丁目何番地何号などの数字と都道府県名や市町村名など多くの情報の組み合わせになっていますが、1枚の地図上で位置を特定するには、そこに目盛りのついた直交座標を置くだけで十分。実際、地球上のあらゆる場所は「緯度」と「経度」という2つの数字だけで表わすことができます。

ただし厳密にいうと、**私たちの世界は平面（2次元）ではなく立体（3次元）**。「縦」と「横」に加えて「高さ」という方向があります。だから住所も、平面上の位置だけ指定しても、ビルやマンションの場合はそこの「何階」なのかがわかりません。3次元空間で位置を決めるには、x軸ともy軸とも原点で直交するz軸が必要になります。縦、横、高さという3つの情報があれば、位置を完全に決めることができるのです。

さらにいうなら、物理学の世界では3次元空間に「時間」という次元を加えた「4次元時空」を考えますし、「じつは宇宙には11次元ある！」というビックリするような仮説もあるそうですが、そうなると座標軸をどう書けばいいのかわかりません。

4次元時空の時間軸は、3次元空間を表わすx軸、y軸、z軸のすべてと直交しているはずです。しかし、3次元空間で暮らす私たちがそれをイメージするのは不可能（試しに、そんな軸がつくれるかどうかを考えてみてください。無駄ですが）。そのため、4次元時空を扱う相対性理論の教科書などでは、便宜的にx、y、zの3次元を横軸ひとつでまとめて表わし、時間軸をそれに直交する形にすることで、「紙」という平面上に宇宙を収めています。

それ以前の3次元でも、直交する3つの座標軸を紙の上で表現することはできません（z軸があなたの顔に向かって飛び出すことになってしまいます）。ですからこの本でも、基本的にはx軸とy軸の平面座標をどう使うかを考えていくことにしましょう。

座標軸で区切られる4つの「象限」

「平面上の位置が2つの情報で決められるからといって、それが自分の日常にどう役に立つんだ？」——そういって首をひねっている人もいるでしょう。たしかに、x軸もy軸もその値を示す数字もただの抽象的な記号なので、それだけではとくに意味はありません。

では、そこに具体的な意味を与えてみましょう。

たとえば、x軸は「仕事の能力」とします。それに対して、y軸は「コミュニケーション能力」。ｘ軸は右、ｙ軸は上に行くほど、それぞれ「能力が高い」ことを意味します。

この座標軸を紙に書いたら、自分の職場にいる上司や同僚などがどこに位置するか考えて点を打ってみましょう。

仕事の成績が良くて周囲の誰とでも仲良く話のできる優秀な社員は、右上のゾーンに入ります。業績は上げているけれど、あまり協調性のない一匹狼タイプは右下。仕事はイマイチだけどコミュニケーション能力は高く、酒席で場を盛り上げるのがうまい宴会部長的な人は左上、仕事ができない上に協調性もないダメ社員は左下のゾーンです。

座標軸は「位置」を決めるものですが、このように全体を大まかに4つのゾーンに分けて見ることができるのも大きな特徴。それぞれのゾーンは呼び方が決まっており、右上（ｘもｙもプラス）を**第1象限**《しょうげん》、左上（ｘがマイナスでｙがプラス）を**第2象限**、左下（ｘもｙもマイナス）を**第3象限**、右下（ｘがプラスでｙがマイナス）を**第4象限**といいます。右上からスタートして左回りで順番が決まっているわけです（図12）。

これをやってみると、漠然と眺めていた世界が見違えるほど整理されることがわかるでしょう。誰でも、自分の職場には「いろいろなタイプがいる」と感じていますが、その「いろいろ」の分布は必ずしもはっきりしません。しかし座標軸によってそれぞれの「位置」を決めると、職場全体をある種の「地図」として見ることができるのです。

会社の経営者や人事担当者なら、この分布図から役に立つ知見を得られることでしょう。人事考課を個々の業績（つまりx軸）だけに基づいてやっていると、職場の雰囲気を高めることで貢献している人が報われません。しかしそこに別の座標軸を加えると、より広い視野で多角的に社員を評価することができます。

図12　座標軸で区切る4つの象限

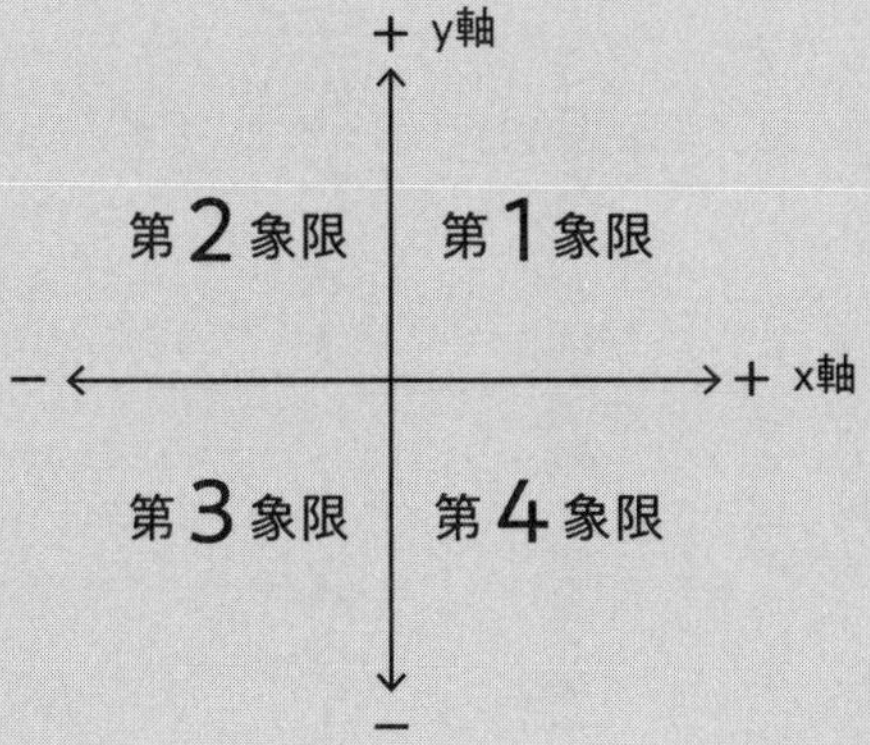

この「**多角的な評価**」こそが、文系人間にとっても有用な座標軸の威力にほかなりません。xとyという2本の軸を「評価軸」として使うことで、私たちは目の前の世界を理解しやすくなり、物事に対してより良い評価を下せるようになる。数学的思考によって、判断力が高まるのです。

「3ポイントルール」という評価軸が生んだスーパースター

座標軸によって物事を評価するときに大事なのは、「**そこにどんな評価軸を使うか**」によって世界の見え方が変わることです。

先ほどの例ではy軸を「コミュニケーション能力」にしましたが、たとえばそれを「コスト意識」に入れ替えることもできるでしょう。売上がトップクラスでも、やたら接待費などを使いまくるコスト意識の低い社員は、第4象限に入るかもしれません。一方、売上は中の上ぐらいでも、経費削減に積極的な社員は第1象限に入ります。y軸を「コミュニケーション能力」にした分布図とは、まったく違う世界が見えてくるにちがいありません。

これはつまり、**物事の価値は絶対的なものではなく、何を評価軸にするかによって変わる**ことを意味しています。それまで価値があると思われていなかった能力が、新しい評価軸を使うことで大きな価値を持つことも少なくありません。


たとえば、NBA（アメリカのプロバスケットボールリーグ）にステフィン・カリー（ゴールデンステート・ウォリアーズ）という名選手がいます。NBAナンバー1のその年俸は、なんと約41億円。それだけの年俸を得ているのですから、バスケットボール選手として「できること」はたくさんあるでしょう。ドリブル、パス、ディフェンスなど多くの座標軸で、高い評価を得られるはずです。

しかし彼の中でいちばん高く評価されるのは、何といっても3ポイントシュートの能力。信じられないような位置からのシュートをポンポンと決めてみせるカリーは、NBA史上でも最高のシューターといわれています。

しかしその能力も、昔のバスケットボール界ではそれほど高く評価されなかったかもしれません。というのも、「3ポイントルール」がNBAで採用されたのは1979年のこと。それ以前は、近くから決めても遠くから決めても、フィールドゴールは2ポイントでした。もちろん、遠くから決められる選手がいたほうが攻撃の幅は広がるので、それが上手《うま》い選手はそれなりに高く評価されたでしょう。

でも、どこから決めても同じ2ポイントなら、なるべく近くからシュートしたほうが確実性は高まります。近くから10本中8本のシュートを決める選手のほうが、より遠くからシュートを打つものの10本中6本しか決められない選手よりも、得点力は高いことになるわけです。

ところが「3ポイントシュート」という評価軸が登場したことで、そうではなくなりました。10本中6本なら、得点数は18点。決定率は低くても、難しい3ポイントシュートを決められる選手のほうがチームへの貢献度が高くなったのです。このルール変更がなければ、カリー選手がNBAナンバー1の高給取りになれたかどうかわかりません。

スポーツの世界では、この3ポイントルール導入のように、試合をより面白くするためのルール変更がしばしば行なわれます。そのたびに評価軸が変わるのですから、歓迎する選手もいれば、「まずい」と思う選手もいるでしょう。

たとえばサッカーなら、昔はゴールキーパーへのバックパスを手でキャッチできました。しかしルール変更でそれが禁止されると、ゴールキーパーといえども足技が上手くなければ試合で使ってもらえません。それまではあまり必要なかったテクニックの巧拙《こうせつ》が、ゴールキーパーの評価軸として新たに加わったわけです。

柔道も、かつては「効果」「有効」といった細かいポイントを加算するルールでしたが、いまは「技あり」と「一本」だけになりました。これも評価軸の大きな変更です。

以前の座標軸と現在の座標軸とでは、4つの象限に入る選手の分布がかなり変わったのではないでしょうか。

「評価は創造である」

ニーチェは『ツァラトゥストラはかく語りき』の中で、**「評価は創造である」**といいました。

ふつうは、まず創造された芸術作品などがあって、その価値を見極めるのが評価という作業だと考えます。創造された何かがなければ、評価することはできない。しかしニーチェは、**評価することによって価値が創造される**と考えます。**評価する誰かの目がなければ、価値は生まれない**ということでしょう。

フリードリヒ・ニーチェ
（1844〜1900）
ドイツの哲学者。実存哲学の先駆者

なかなか難しい話ではありますが、先ほどのカリー選手のことを考えれば、そういうこともあるかもしれないと思えてきます。「3ポイントシュート」を評価する目（評価軸）がなければ、カリー選手の価値は生まれません。その新しい評価軸が、それまで存在しなかった価値を創造したわけです。「カリーというスーパースターを創造した」といっても過言ではないでしょう。

もっといえば、バスケットボールという「競技」がひとつの大きな評価軸として設けられたこと自体が、スーパースターを創造しました。

3ポイントルール以前に、バスケットボールが存在しなければ、カリー選手が年に40億円以上も稼ぐスターになったかどうかわからない。運動神経がよければほかのスポーツでも活躍できそうな気もしますが、必ずしもそうとはかぎりません。

ちなみに、同じバスケ界のかつてのスーパースター、マイケル・ジョーダン選手は、あれほどの運動能力を持っていながら、泳げないそうです。バスケ引退後には野球のメジャーリーグに挑戦しましたが、そちらではスターになれませんでした。おそらくカリー選手も、バスケに特化した才能があったからこそ、そこでスーパースターになれたにちがいありません。

そういえば、体操界のスーパースター内村航平《うちむらこうへい》選手は、バスケットボールがものすごく苦手だと聞いたことがあります。鉄棒や跳馬などの信じられないパフォーマンスを見せられると、どんなスポーツもそこそこやれるだろうと思ってしまいますが、きっとボールを扱う姿をファンが見たらガッカリするレベルなのでしょう。世の中に体操という評価軸が存在したからこそ、内村航平というスターが創造されたわけです。

ですから、**座標軸を使って物事を判断しようと思ったら、自分の用意した評価軸だけでいいのかどうか疑ってみることも必要です。**その評価軸では第3象限に入るものも、いままで気づいていなかった評価軸を導入することで新たな価値が生まれ、第2象限や第1象限に入るかもしれません。

ある価値観にこだわることなく多角的な評価をするには、いろいろな軸の立て方があることを考えてみるべきです。

昔とは評価軸の違ういまのアイドル

たとえば、アイドル歌手に対する評価。関心のない人にとってはおよそどうでもいいことだと思いますが、これについては世代間対立のようなものがあります。

というのも、モーニング娘。やＡＫＢ48など、アイドルの世界では１９９０年代の終盤あたりから大人数のグループが人気を集めるようになりました。とくにＡＫＢグループは姉妹グループがどんどん増殖しており、旧世代にはいちいち覚えていられないほどです。そしていまや、ソロで歌う人気アイドルはほとんど見当たりません。

そのことが、山口百恵《やまぐちももえ》や松田聖子や中森明菜などの全盛期を知る世代にとっては何か物足りないのでしょう。「昭和のアイドルはすごかった」「それに比べて近頃のアイドルといったら」などと批判し、ＡＫＢなどのファンと対立するのです。

しかしこれは、そもそも評価軸が異なるのですから、「どちらがすぐれているか」を比較しても意味がないでしょう。いうまでもなく、昔のアイドルは個々のルックスや歌唱力などの評価軸で勝負していました。強い個性がなければ、多くのファンを獲得して生き残ることはできません。

それに対して、いまのアイドルグループは集団の魅力で勝負しています。もちろんファンにはそれぞれの「推しメン（イチ推しメンバー）」がいますが、それも大きなグループがあるからこそ「総選挙」のような形で楽しむことができる。個としての歌唱力がかつては重要でしたが、現在の評価軸はそれではありません。何十人もいるメンバーの中での微妙な差異をそれぞれのファンが見極めて「選ぶ」こと自体を楽しんでいるという側面もあるだろうと思います。

そういう現在のアイドルを昔の座標軸で評価すれば、相当数は第2〜4象限に入ってしまうかもしれません。でも、それはマイケル・ジョーダンを「水泳」の軸、内村航平を「バスケットボール」の軸で評価しているようなもの。軸の立て方を間違えると、見当違いの評価を下してしまうことになります。

自分の評価軸にこだわり続けるのも、それはそれで悪いことではないのかもしれません。でも、ひとつの価値観に執着して別の楽しみを逃すのはもったいないことだと思います。

あまり価値がないと思ったものに新たな価値を見出せば、そのほうが日々の暮らしは豊

かになる。「アイドルといえばルックスと歌唱力」といった直観的に思いつく評価軸とは別の軸があることに気づけば、楽しみは広がります。

「まずくて汚い店」が第１象限に入る座標軸もある

それは、レストランやカフェなどの飲食店についてもいえるでしょう。飲食店の良し悪しを評価する場合、誰でも最初に思いつくx軸は「おいしさ」です。その次に気になるのは「値段」でしょうか。値段は安いほうが高評価になるので、y軸は「安さ」としたほうがいいかもしれません。

この座標軸だと、「安くておいしい店」が第1象限に入ります。それを「良い店」と思わない人はほとんどいません。しかし、それだけが飲食店の価値を決める条件だと思い込むと、評価を間違うことがあります。

実際、人から「あそこは安くておいしいよ」と紹介された店に行ってみたら、見るからに治安の悪そうなゴミゴミした町の片隅だったとか、声の大きな常連客が威張《いば》っていて居心地が悪かったとか、店内が不潔だった……といったケースは珍しくありません。

ですから、「おいしさ」と「安さ」以外の評価軸を持つことが大事。

たとえばカフェなら、値段はどの店も大差ないので、「安さ」の代わりに店内のインテリアや立地などの「おしゃれな雰囲気」をy軸にしたほうがいいでしょう。すると、「おいしさと安さ」の座標軸では第1象限に入った店が第2象限に陥落するかもしれません。

それ以外にも、飲食店を評価する軸はいろいろと考えられます。飲食店は、提供する飲食物や店舗だけでできているわけではありません。そこには、サービスを提供する店主や従業員がいます。接客態度の悪い店は避けたいですし、彼らとのコミュニケーションもお客にとっては楽しみのひとつ。料理の味は二の次で、そこの店主と会いたいがために足を運ぶことだってあるでしょう。

そこで、y軸を先ほどの「おしゃれ度」から「接客」に取り替えてみる。すると、さっきは第2象限に入ったうらぶれた町の片隅にある薄汚れた店でも、第1象限にジャンプアップしてしまいます。

さらにx軸を「おいしさ」から「安さ」に取り替えると、分布はまた大きく変わるでしょう。「まずくて汚い店」でも、この座標軸なら第1象限に入るチャンスがあります。多角的な評価軸は、店の経営者にも多くのヒントを与えてくれるのです。

どうすれば第3象限から第1象限に行けるか

座標軸の立て方を変えると、評価が一気に逆転する可能性があることが、いまのお話でよくわかっていただけたでしょう。これはいろいろなことに応用できます。

たとえば、職業の選択は自分の人生を「創造」する上できわめて重要な要素。これにも、座標軸を役立てることができます。

私自身、いまでこそこうして大学の職を得て、一人前の大人のような顔をして仕事をしていますが、若い頃はまともな社会人になれるのかどうか不安でした。

というのも、高校生や大学生が社会人として真っ先に思い浮かべるのは「会社員」です。身近にいる社会人の多くが会社員ですから、自分もいずれどこか会社に入って働かなければいけないのだろうと考える。どの業界かはともかく、まずはその枠組みで将来をイメージします。

では、ちゃんとした会社員として生きていこうとしたら、どんな評価軸にさらされるのか。私にとって何より脅威だったのは、「毎朝ちゃんと起きて通勤する」ということでした。たいがいの人がごく当たり前のこととしてやっているので、ふつうはそれが「評価軸」だとは思わないかもしれません。しかし私は朝がものすごく苦手なので、「早起き軸」の評価はマイナスもいいところです。

それ以外に会社員の適性を見る評価軸としては、「人にきちんと頭を下げられるかどうか」というのもあるでしょう。学生時代の同級生には銀行に就職した人が何人もいるのですが、銀行員なら「最後の1円まできっちり帳尻を合わせる」という能力（？）も問われます。

ほかにもさまざまな軸がありますが、会社員としてしっかり生きていけそうな周囲の友人たちとくらべると、自分はどの評価軸でもマイナス点しかつかないように思いました。どんな座標軸で評価しても、会社員としては「第3象限の男」になるとしか考えられないのです。

だとすれば、会社員とは座標軸の違う職業で生きていくしかありません。これまでお話ししてきたとおり、**x軸やy軸を別のものに入れ替えれば、入る象限は変わります。**

ただし第3象限から「斜め上」の第1象限にジャンプアップするのは簡単ではありません。第2象限や第4象限からは、x軸かy軸のどちらかを入れ替えれば第1象限に行ける可能性があります。それに対して、第3象限のものを第1象限にするには、2本の軸をどちらも別のものに入れ替えなければなりません。要するに**「まったく別の座標平面」**で生きていくしかないわけです。

座標軸思考を鍛えるためのトレーニングとして、これはかなり良い問題でしょう。前に挙げた例を使うなら、「おいしさ・安さ」座標だと第3象限に入る飲食店は、どんな座標軸なら第1象限になるか、x軸とy軸に何を置けばよいかを考えるのです。

私の場合、会社員軸はおおむねマイナスですが、「夜中でも集中して頭を使える」とか「ひとりで好きなことを考え続けられる」といった評価軸ならプラスの点をもらう自信がありました。ほかにも自分がプラス評価されそうな軸を考えていくと、第1象限に入れそうな職業はほぼひとつしかありません。それが「学者」でした。

しかし学者なんて、いつなれるかわかりません。大学院を出たからといって学者として一人前の収入を得られるわけではなく、せいぜい「自称学者」になれるだけです。その意味では、「まともな社会人になれるまで我慢強く待つことができる」という評価軸でもプラス点がつかなければ、学者にはなれないといえるでしょう。

実際、34歳で大学の専任職を得るまでには、前にお話ししたような紆余《うよ》曲折《きょくせつ》がありました。しかし結果的には、自分に合う座標軸を見つけることで、何とか人生の価値を創造できたように思っています。

常に頭に「x軸」と「y軸」を

私が選んだ学問の世界でも、座標軸思考は研究対象を整理して考える上でたいへん役に立ちます。

たとえば文学史にしろ美術史にしろ、さまざまな作家や画家を時系列で並べるだけでは、その本質が十分には見えてきません。

もちろん時系列という軸だけでも、何らかの質的な評価をすることはできます。日本文学なら「上代文学《じょうだいぶんがく》」（古事記《こじき》・日本書紀《にほんしょき》・万葉集《まんようしゅう》など）、「中古文学《ちゅうこぶんがく》」（古今和歌集《こきんわかしゅう》・枕草子《まくらのそうし》・源氏物語《げんじものがたり》など）、「中世文学《ちゅうせいぶんがく》」（徒然草《つれづれぐさ》・平家物語など）、「近世文学《きんせいぶんがく》」（近松門左衛門《ちかまつもんざえもん》・松尾芭蕉《まつおばしょう》など）、近現代文学（二葉亭四迷《ふたばていしめい》以降）といった時代区分があり、それぞれの時代ごとに共通する性質を見出せるでしょう。

しかし一方で、文学には時代性だけではくくれない特徴がいくらでもあります。たとえば同じ時代に書かれた『枕草子』と『源氏物語』、『徒然草』と『平家物語』では、文学としてのジャンルも扱っているテーマもまったく違う。「随筆」という評価軸なら、清少納《せいしょうな》言《ごん》と兼好《けんこう》法師は同じ象限に入るでしょう。

同じ小説というジャンルに含まれる作品でも、その題材や状況設定などは時代とはあまり関係がありません。

たとえば「エロ度」という評価軸を設定すれば、紫式部《むらさきしきぶ》と谷崎潤一郎《たにざきじゅんいちろう》が時代を超えて同じ象限に入る可能性があります。

あるいは、「松尾芭蕉と村上春樹をどちらも第1象限に入れるにはx軸とy軸を何にすればよいか」といったことを考えてみるのも、文学研究としては面白いかもしれません。それぞれの作家や作品を深く読み込まなければその答えは見つかりませんし、そういう読み方をすることで作品から別の意味や価値が見えてくるでしょう。まさに「評価は創造」なのです。

こういう座標軸の使い方が有効なのは、学問の専門家だけではありません。中学生や高校生に文学史を教えるときも、いろいろな座標軸で整理してあげると生徒たちの理解が進む。現場の先生から、そんな話を聞いたことがあります。

どんな教科でも、これは応用できるでしょう。たとえば世界史なら、さまざまな時代にあちこちの地域に登場する支配者たちを、その行動パターンや事績の内容、性格などの座標軸で整理することができそうです。

それを見れば、「人類の歴史には時代や地域を超えて似たタイプの人物が登場する」とわかり、それぞれの人物の事績に対する理解が深まるはず。4つの象限に数人の歴史的人物を配置したものを見せて、「このx軸とy軸はどんな評価軸かを述べよ」という試験問題を出すのも面白いでしょう。よほど深く勉強しなければ答えられません。

このように、**世の中の物事にさまざまな角度から光を当て、多様な実像を明らかにすることで私たちの理解を深めてくれるのが、座標軸思考の効用です。**

文学や世界史を例に挙げたことでおわかりのとおり、文系と無縁なものでは決してありません。日常生活にも、いつもの仕事にも応用できるでしょう。これからは、常に頭の中にx軸とy軸を置いて世の中を見てください。いままで気づかなかった価値や意味が、あらゆる物事から見えてくるはずです。

使える！ 座標軸思考のポイント

- 直交座標の概念を確立したのはデカルト
- 「評価は創造である」（ニーチェ）。誰かが評価を創ってくれたおかげで価値は生まれる
- 物事の判断には、自分の評価軸を疑ってみることも大切
- 評価軸を変えれば、第3象限から第1象限にジャンプできることも！

4章 確率

無謀な選択を食い止め、挑戦の勇気を持つために

文系人間でもみんな使っている数学的思考

数学が苦手な文系人間でも、中学や高校で習ったことを日常生活でまったく使っていないわけではないでしょう。微分や関数のことは考えるのもイヤだという人でも、さほど拒否感を持たずに馴染《なじ》んでいる「数学的思考法」はあります。

たとえば野球の好きな人なら、選手の打率や防御率、好きなチームの勝率などの数字をいつも気にしているはず。テニスならファーストサーブの成功率、バスケットボールならフリースローの成功率など、スポーツの多くは「率」なしでは語れません。その数字を眺めながら、次のプレーを予想したり、勝因や敗因を考えたりするのが、スポーツ観戦が好きな人の日常です。

もっと多くの人にとって日常的なのは、天気予報の数字でしょう。毎日、「今日は20％」「明日は80％」といった降水確率を見て、傘を持っていくかどうかを判断しています。その数字を見聞きして、「いやいや、数学の話はわからないから勘弁して」などと尻込みする人はいません。

そう。もうおわかりだと思いますが、**「確率」**という考え方をまったく使わずに暮らしている人はまずいません。

中学校でそれを教わったのを覚えていなくて、それが「数学」の考え方だと思っていない人もいるかもしれませんが、これはれっきとした数学の話。その意味では、どんな文系人間でも「数学的思考法」をしているわけです。

でも、それが十分に活用できているかどうかはまた別の話。日頃から「その確率は何%」という表現に慣れているからといって、確率の考え方を自分の生活にうまく役立てられるとはかぎりません。

単純な確率の計算方法がわかっていない人は、あまりいないと思います。

野球の打率なら、安打数を打数で割る。サーブの確率なら、入ったサーブの本数を打っ

たサーブの本数で割れば答えは出ます。数学の用語で一般的にいうと、

ある条件が起こる「場合の数」÷すべての「場合の数」

といった表現になりますが、まあ、これは忘れてもいいでしょう。中学で習ったはずのこの公式を覚えていなくても単純な確率の計算ができるほど、私たちはその考え方に馴染んでいるともいえます。

では、ここで問題です。サイコロを振って「1」の目が出る確率はいくつでしょうか。これも簡単です。サイコロの場合、すべての「場合の数」は6つ。そのうち、1という条件が起こる「場合の数」は1つですから、確率は**6分の1**となります。偶数が出る確率なら、その条件が起こる「場合の数」が2、4、6の3つになるので、**6分の3**。ここまでは誰にでもわかるでしょう。

それでは、次の問題です。いま、サイコロを振って「1」が出ました。次にもう一度同じサイコロを振って「1」が出る確率はいくつでしょうか？

ここで「うーむ」とうなってしまう文系人間は少なくありません。「2回続けて同じ目が出る確率は、1回目より低いような気がする。だけど、どう計算すればいいのか……」と考え込んでしまうのです。

でも、答えはやはり**6分の1**。前に出た目によって、次に出る目の確率が変わるわけではありません。サイコロである目が出る確率は常に6分の1です。

もちろん、「サイコロを2度振って続けて1が出る確率は？」という問題なら、場合の数が変わるので別の計算が必要になります。これは、「2個のサイコロ

図13　サイコロの確率

サイコロで1が出る確率　$1 \div 6 = \frac{1}{6}$

サイコロで偶数が出る確率　$3 \div 6 = \frac{3}{6}$

2度振って続けて1が出る確率　$1 \div (6 \times 6) = \frac{1}{36}$

を同時に振ってどちらも1が出る確率」と同じこと。すべての場合の数は6×6＝36通り、そのうち1と1になるのは1通りなので、答えは**36分の1**となります（図13）。

このあたりの理解が怪しいと、たとえばサイコロの目を当てるゲームで勝つのは難しい。2つのサイコロの合計を当てるとなると、計2は「1と1」しかないので確率は低いのですが、計6だと「1と5」「2と4」「3と3」もあるので、確率は高くなります。

私は小学生の時、これをすべて表にしたことがありますが、この作業自体楽しかったことが思い出されます。

未来を予測して自分の行動を決めるときに、確率の考え方を知っているかいないかで、差が出てしまうといえるでしょう。

サイコロの「期待値」は？

そこでまず文系人間に身につけてほしいのは、**「期待値」**という考え方。これも日常的によく使う言葉ではあります。字面を見れば「期待できる値」というそのままの意味だとわかるので、「それは期待値が低いからやめておこう」などと言われて戸惑うことはありません。

でも、その数学的な意味をちゃんと理解して使っている人はあまりいないのではないでしょうか。単に「可能性が高い／低い」ぐらいのニュアンスで、期待値という言葉を口にする人が多いような印象を受けます。少なくとも、文系人間の場合は期待値の計算方法がわかっている人はほとんどいないでしょう。

では、数学でいうところの期待値とは何か。これは、**「起こり得る値の平均値」**です。

そう聞いた時点で、いままで安直に「それは期待値が低い」などと言っていた人は冷や汗が出ることでしょう。それこそ、サイコロで1が出る確率を「6分の1」と即答できる人でも、「サイコロを1回振ったときに出る目の期待値は？」と聞かれたら、やはり「うーむ」となってしまうかもしれません。

　とはいえ、期待値の計算自体はそれほど難しいものではありません。**起こり得る値にそれぞれの確率をかけて、すべて足すだけ**。ただし「だけ」といっても、実際に手を動かして計算するのはやや面倒臭い。難しくはないけど楽ではない、というところでしょうか。サイコロを振ったときに出る目の「起こり得る値」は1、2、3、4、5、6。それぞれの確率はどれも6分の1ですから、期待値を求めるには下のような式になります（図

図14　サイコロを1回振ったときの期待値

$$
\begin{aligned}
&1 \times \frac{1}{6} + 2 \times \frac{1}{6} + 3 \times \frac{1}{6} \\
&+ 4 \times \frac{1}{6} + 5 \times \frac{1}{6} + 6 \times \frac{1}{6} \\
&= \frac{1}{6}(1 + 2 + 3 + 4 + 5 + 6) \\
&= \frac{7}{2} \\
&= 3.5
\end{aligned}
$$

14）。本書に登場する数式でいちばん長いのがこれでしょう。

というわけで、**サイコロを1回振ったときの期待値は3・5**。

サイコロの目そのものはただの記号ですから「値」と呼べるような意味はありませんが、もし「出た目の千倍の金額がもらえる」というゲームなら、その期待値は3500円になるわけです。5000円の参加費を払って挑戦する人は少ないでしょうが、参加費が3000円なら「勝負してみるか」と思う人は多いかもしれません（最低でも1は必ず出るので、参加費が1000円以下ならやらない人はいません）。

ルーレットで偶数に張って当たる確率は50%未満

サイコロの目は1から6ですから、期待値が3と4の中間になるのは計算しなくても何となく見当がつきます。

では、カジノにあるルーレットの場合はどうでしょうか。これからは、日本でもカジノが営業できるようになります。そこで遊ぶかどうかは個人の自由ですが、どんな仕組みのギャンブルなのかは理解しておきたいところです。

ルーレットにもいろいろありますが、アメリカンスタイルのルーレットは盤面に38個の数字がランダムに並んでいるのが基本形。とはいえ、その数字は1～38ではありません。賭けられる数字は1～36で、それ以外に0と00という数字があります。

それぞれの数字の背景色は赤と黒が交互に配置されていますが、0と00は緑。「赤か黒か」に賭ける場合はもちろん、「偶数か奇数か」に賭ける場合でも、0や00にボールが止まったときは胴元の総取りです。数学的には0は偶数ですが、ルーレットでは偶数でも奇数でもないことにされているのです。

したがって、「赤か黒か」でも「偶数か奇数か」でも、当たる確率は五分五分にはなりません。赤、黒、偶数、奇数はいずれも18個で、「すべての場合の数」は38ですから、**確率は38分の18（約47・3％）**。50％よりも少し低くなります。

仮に「偶数と奇数」や「赤と黒」の両方に賭けても、必ず元手が返ってくるわけではありません。**その期待値は、0・947倍。** 1000円の元手を500円ずつ赤と黒に賭けても、緑に入る可能性があるので、返ってくる金額の期待値は947円にしかならないのです。

胴元が必ず儲かる仕組みでなければカジノ自体が成立しないので、それも当然といえば当然なのかもしれません。

ちなみに、元手900ドルで始めた人が1ドルずつ「偶数か奇数か」のどちらかに賭け続けた場合、900ドルを1000ドルまで増やせるのはどれくらいの確率か見当がつくでしょうか。

一般的には、10万人のうち3人もいないといわれています。「投資」としてはリスクが高すぎるので、ルーレットに注ぎ込むお金は「カジノを楽しむための参加費」ぐらいに考えたほうがよさそうです。

期待値は「無謀な選択」を食い止めてくれる

それは、カジノよりも多くの人にとって馴染みのある宝くじも同じこと。

たとえば2019年のドリームジャンボ宝くじ（1枚300円）の発行総数は1億3000万枚でした。そのうち当選金額3億円の1等は13本。その期待値を計算すると、30円だそうです。1等から7等（300円）までを合わせた賞金総額は194億9870万円で、売上総額（300円×1億3000万枚）は390億円。半分以上が主催者の取り分となるので、**1枚あたりの期待値も149・99円と300円の半分以下です。**

やはりこれは、買ってから当選発表までのあいだ大きな「ドリーム」を見るための参加費と考えたほうがいいでしょう。1枚より10枚、10枚より100枚のほうが見る夢が甘美なものになるかどうか、その期待値は人それぞれだと思いますが。

言葉の印象からすると、「期待値」は私たちのワクワク感を高めてくれそうな気がします。でも実際は、むしろ**「期待ばかりふくらませてないで、ちゃんと現実を見なさい」**とたしなめてくれるもの。宝くじ売り場の前で「3億円当たるかも！」と浮かれた気分になっても、期待値を知ると冷静になることができます。

もちろん、世の中には計算すると期待値が高い物事もありますが、そういうものはたいがい「まあ、そうだろうな」と思えるので、ワクワクはしません。皮肉なことに、「期待値」が高くても「期待」はとくに高まらないのです。

人生には夢や希望も必要ですが、それだけを追いかけていたのでは現実的な判断ができません。「いつか必ずアイドルと結婚する！」とか「絶対にプロ野球選手になるんだ！」といった意欲を持つのは悪いことではありませんが、確率的に考えるとそれがきわめて困難な道であることは知っておいたほうがいいでしょう。

実際、人気アイドルと個人的な知り合いになるだけでも確率は高くありませんし、高校野球で甲子園に出場するだけでも相当な競争率です。結婚やプロ選手となると、その期待値は宝くじ並みに低いかもしれません。

ならば、**夢は夢として大事にしながらも、自分の力量に合ったリアルな目標設定をしたほうが人生は豊かになります。**こんなことをいうと、期待値は「勇気を持ってチャレンジする人」を否定する道具のように思われてしまうでしょうか。しかしそうではなく、「無謀な選択」を食い止めてくれるのが期待値なのです。

「余事象」とは何か

一方、確率の世界には私たちを前向きな気持ちにさせてくれる考え方もあります。それは**「余事象《よじしょう》」**と呼ばれるもの。期待値と比べると、はるかに馴染みの薄い言葉です。**ある確率から別の確率を引いて「余った事象」**を意味するのですが、それだけでは何のことかわからないでしょうから、大学受験を例にして説明しましょう。

受験生は本番までに何度も模擬試験を受けて、志望校の合格率をチェックします。よくあるのが、A判定（合格率80％以上）からE判定（20％未満）までの5段階で評価するパターン。みんな、第1志望から滑り止めまで（あるいは無理を承知で記念受験する超難関校も含めて）いろいろな大学を判定対象として記入するので、判定結果にも幅が出ます。

そこで知りたいのは、各大学の合格率だけではありません。とくに「もう後がない」浪人生の場合、「どれかひとつだけでも合格する確率」がどれだけあるのかを知りたいはずです。いまは浪人を避ける風潮が昔よりも強まっているので、現役生でもそれが気になる人は多いでしょう。

たとえばある受験生が、A大学からF大学まで6校を順番に受験する予定だとしましょう。模試の判定では、それぞれの合格率は次のとおりでした。

A大：50％　B大：30％　C大：20％　D大：20％　E大：10％　F大：10％

五分五分の大学がひとつあるだけで、ほかはみんな10～30％という低い数字になっています。「どれかひとつだけでも合格したい」と願っている浪人生にとっては、ちょっと不安になる数字でしょう。

では、この受験生が「少なくともひとつの大学に合格する確率」はどれぐらいになるのか。真正面からこれを計算しようとすると、これはなかなか面倒です。

ここで「真正面からの計算」というのは、A大から順にひとつの大学にだけ合格する確率を求めて、それを足し合わせる方法。そのためには、次のように細かく場合分けをして計算していかなければなりません。

まず、最初に受けるA大に合格する確率ですが、これは単純に50％なので簡単です。では、A大に落ちてB大に合格する確率はどう計算するでしょう。これは、A大に落ちる確率（100％－50％＝50％）とB大の合格率（30％）のかけ算です。

さらに、A大とB大に落ちてC大に合格する確率は、「A大に落ちる確率×B大に落ちる確率×C大の合格率」。4つめのD大に合格する確率は……と続いていき、5校に落ちて最後のF大に合格する確率は、「A大に落ちる確率×B大に落ちる確率×C大に落ちる確率×D大に落ちる確率×E大に落ちる確率×F大の合格率」という計算になります。そんな手間のかかる計算をしてから、6つの確率を足し合わせるという作業になるのです。面倒臭いだけでなく、計算ミスのリスクも高いでしょう。

そこで、「余事象」の出番です。**求めたいのは「少なくともひとつの大学に合格する確率」ですが、ここでは逆に「すべての大学に落ちる確率」がどうなるかを考える**（図15）。受験生としてはあまり考えたくない事態だとは思いますが、これは先ほどの計算よりもはるかに簡単。A大からF大まで6校の「不合格率」を次のようにかけ合わせるだけです。

50%×70%×80%×80%×90%×90%

図15　余事象

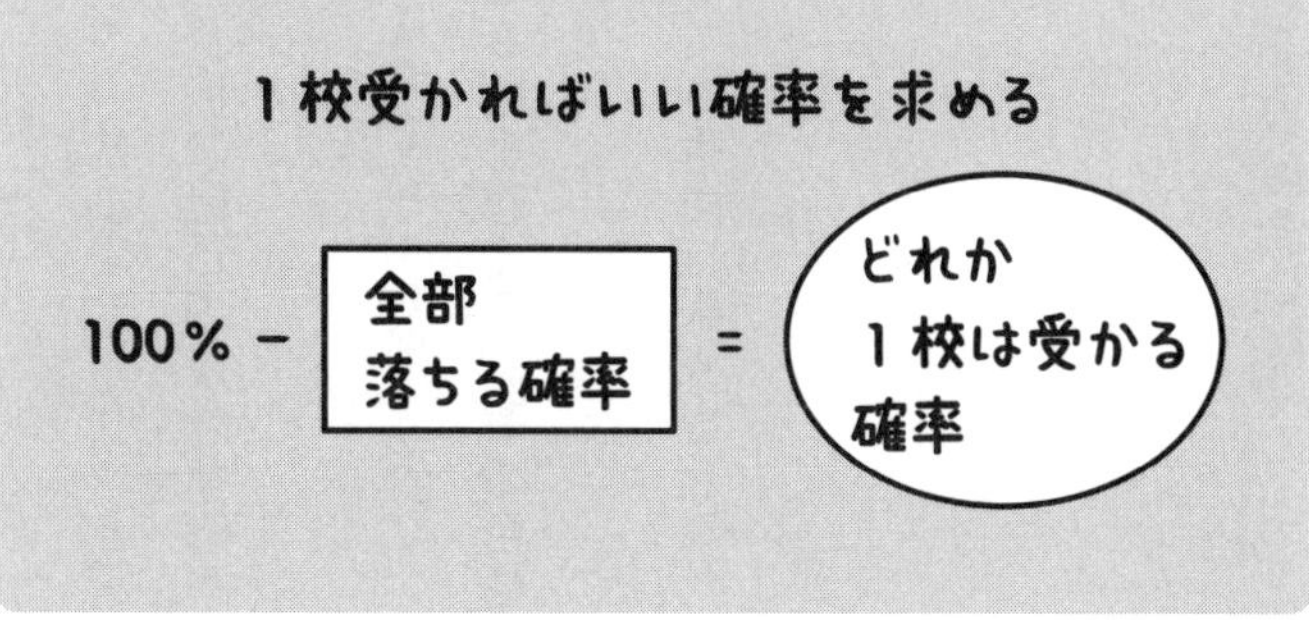

大きな数字ばかり並ぶので不安になるかもしれません。でもこれは「0.5×0.7×……」という小数の計算なので、かければかけるほど数字は小さくなっていきます。ササッと電卓を叩いてみると、答えは0・18。つまり、6つの大学すべて不合格に終わる残念な確率は、わずか18％程度しかないのです。

ということは、少なくともひとつの大学に合格できる確率は「100％－18％」で82％。**単独の合格率は最大でもA大の50％なのに、「どれかひとつ」だと8割を超える確率で合格できるわけです。**どうですか。前向きな気持ちに切り換えられそうですよね。少なくとも不安で勉強に手がつかないという事態は回避できそうです。そして本番では確率を忘れて勝負すればいいのです。

「無謀」と「無難」の切り替え

先ほどの**期待値は、「冷静にならざるを得ない現実」に直面させてくれました。**

それに対してこちらの**余事象は、「勇気の出る現実」を教えてくれます。**

いずれにしろ、大事なのは「現実」を見ること。現実から目を逸《そ》らして積極性だけふくらませてもいけませんし、現実を知らないまま不安に駆られて消極的になってもいけません。「攻める」にしても「守る」にしても、現実を踏まえて正しく攻め、正しく守るのが賢い生き方でしょう。そんな生き方をする上で、確率思考は役に立つのです。

この思考法をわきまえておけば、何かにチャレンジするときの時間やエネルギーの配分にも無駄がなくなるでしょう。

確率の低い目標を達成しようと思ったら、大きなエネルギーを投入しなければなりません。「アイドルと知り合いになる」という目標を立てるのはかまいませんが、それを実現するには相当な努力が必要です。

しかし、なにしろ確率が低いので、あまり時間をかけてはいられません。諦《あきら》めずにエネルギーを使っているうちに消耗してしまいますし、確率の高い（つまり知り合いになりやすい）相手との出会いを逃してしまうおそれもあります。

私が教えているある学生は、メジャーなアイドルグループのファンでしたが、地下アイドルに対象を変え、「身近でいい」と言っていました。

プロ野球選手になるという目標も同じこと。子どものうちは、それを目指して一生懸命に努力することを否定してはいけません。しかし能力に限界がありそうなら、やはり諦めが肝心。いつまでも大きな夢を追い続けていると、自分の能力を十分に生かせる職業があるにもかかわらず、そのタイミングを逃してしまいます。

とはいえ、最初から確率の高い安全策ばかり選ぶのも面白くありません。「無難な道」に進むのは、ある程度「無謀な道」にチャレンジしてからでも遅くはないでしょう。**確率思考をすれば、そのタイミングを見極めることができます。**

確率の低い無謀な目標は先に試して早めに見切りをつけ、確率の高い無難な目標は「まだ間に合う」というギリギリの時期まで後回しにする。**確率思考では、それが生き方の基本戦略になるのです。**

使える！確率思考のポイント

◉未来を予測し行動を決めるには、確率思考が必要

◉「期待値」は「無謀な選択」を食い止めるもの（カジノや宝くじ当選は期待値が低い）

◉「余事象」は「勇気の出る現実」を見つけるもの（どれかひとつならうまくいくという確率は案外高い！）

5章 集合

頭の中のモヤモヤをすっきり整理

数学の理解には国語、国語の理解には数学が必要

数学と国語は、どういうわけか水と油のようなものだと思われています。文系が苦手とする科目の代表が数学なら、理系は国語を挙げる人が多いでしょう。とくに「作者の気持ちを次のア〜エから選べ」のような国語の問題は理系の人に嫌われがちです。「そんなのはきちんと論理的に証明できない」と感じるのかもしれません。

たしかに、「人の気持ち」のような問題は理系とは相性が良くない面があります。でも国語には、論理性が大事になる面もたくさんあります。むしろ「国語力」でいちばん大事なのはそこだといえるかもしれません。

だからこそ国語という教科は、文系・理系を問わず、あらゆる教科を学ぶ上での基本となります。文章問題を理解するにも国語力は必要ですし、それこそ数式も一種の「言語」ですから、論理的なリテラシーがなければ正しく使えません。理系だからといって、国語の勉強が不要なわけではないのです。

逆もまた真。「数学が苦手」な文系人間が、必ずしも国語が得意とはかぎりません。論理的な文章を読んだり書いたりするには、数学的な感覚も求められます。国語が（理系の人よりは）得意だと思っている文系人間の中には、その感覚が弱いせいで日本語の使い方がおかしくなっている人もいるのではないでしょうか。

そこで、**日本語力を鍛えるのに役立つ数学的思考法**をひとつお教えしましょう。

日本語の理解力という点で私が以前から気になっているのは、「または」と「かつ」の使い方が曖昧《あいまい》になっている人がよくいることです。たとえば、「18歳未満または高校生」と「18歳未満かつ高校生」という2つの条件を見たとき、どちらのほうが当てはまる人が多いか、あなたはすぐにわかるでしょうか？　そんなに難しい話ではないはずですが、咄嗟《とっさ》には答えられず、ちょっと考えないとわからない人が多いと思います。

英語でいうと、**「または」は「or」、「かつ」は「and」**。これを勘違いすると、仕事で人と会うときの日程調整などでも思わぬミスが生じかねません。

「午後2時以降または土日」と「午後2時以降かつ土日」では、候補となる選択肢の数がまったく違います。後者をうっかり前者の意味で受け止めてしまうと、「では木曜日の午後3時からお願いします」というトンチンカンな返事をして相手を困らせ、メールのやり取りが二度手間になってしまったりするのです。

読者の中には、いま「自分がそんな勘違いをするわけがない」と鼻で笑った人もいるかもしれません。では、こんな文章はどうでしょうか。

〈その表現内容が真実でないか又は専《もつぱ》ら公益を図る目的のものでないことが明白であって、かつ、被害者が重大にして著《いちじる》しく回復困難な損害を被《こうむ》る虞《おそれ》があるときに限り、例外的に許される。〉

※参考 URL=https://www.bengo4.com/c_18/b_223738/

とある事件の判決文の一部です。「または」と「かつ」がどちらも出てきますが、どういう条件のとき「例外的に許される」といっているのか、咄嗟にわかりますか？ 法律の条文や契約書などにも、このような言い回しはよく出てきます。「または」「かつ」のほかに、「もしくは」「および」「並びに」などもよく見るでしょう。

こうした言葉の論理構成を読み取る能力がなければ、複雑な条件設定を勘違いして大失敗をしかねません。それを防ぐには、数学的思考が必要です。

私は法学部を卒業したのですが、法律の思考に数学的思考が生きているのを日々実感していました。とりあえず、数学のように図化するだけでも、論点がクリアになります。

「または」と「かつ」の違いをベン図で知る

いま引用した判決文に出てくるような「または」と「かつ」などの使い方を鍛えるのに役立つ数学の道具とは何か。それは「**集合**」です。日常語としてもよく使う言葉なので、数学用語の中では文系にも馴染《なじ》みのあるもののひとつといえるでしょう。

とはいえそこは数学ですから、何でもかんでも「全員集合！」と号令をかけて集めるわけにはいきません。**ある特**

ジョン・ベン
（1834〜1923）
英国の論理学者・数学者

定の条件に合うものをひとまとめにして考えるのが、数学でいう「集合」です。それを視覚的に表現するのが、**ベン図**。イギリスの数学者ジョン・ベンが考案したので、この名で呼ばれるようになりました。

では、「AまたはB」と「AかつB」がそれぞれベン図でどう表現されるかを見てみましょう（図16）。

含まれる範囲の大きさの違いは、一目瞭然です。「AまたはB」はどちらかの条件を備えていればOKなので広く、「AかつB」はどちらの条件も兼ね備えていなければいけないので狭い。

「または」と「かつ」を見聞きしたら、このベン図を思い浮かべるだけで絶対に間違えることはな

図16　ベン図

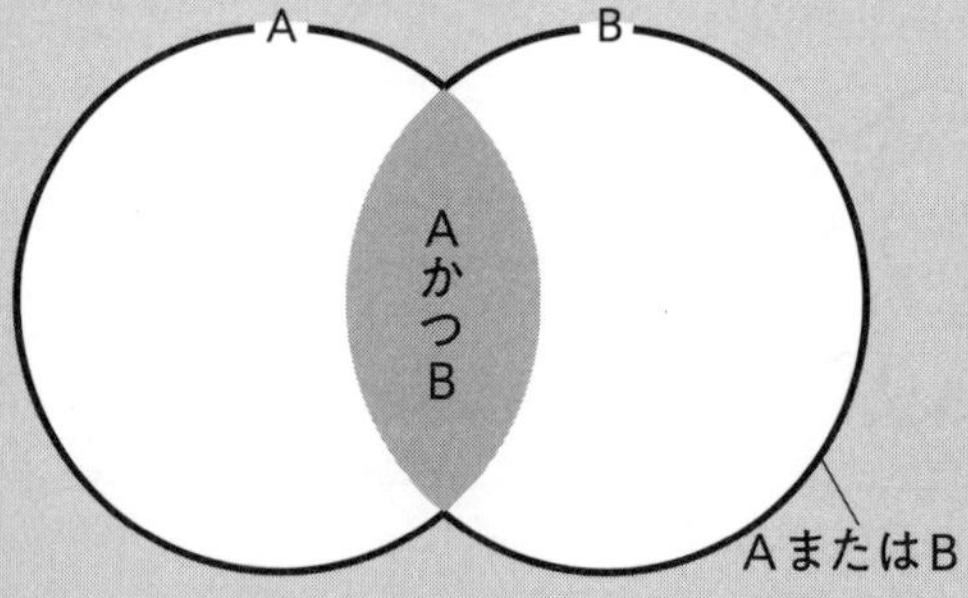

いでしょう。

「または」と書かれていれば条件設定がゆるい、「かつ」は条件が限定されているので厳しい、と思えばいいのです。

　このベン図のイメージが無意識レベルで身についている人は、人前で話すときの身振り手振りも違うかもしれません。

　私たちは喋《しゃべ》るときに、よく両手を前に出して空気をつかむような仕草《しぐさ》をします。インタビュー写真などでそれが使われることが多く、近頃のネットではそれが「ろくろ回し」などと揶揄《やゆ》されるようにもなりましたが、そういうボディランゲージは重要なコミュニケーションのひとつ。

「AまたはB」というときは両手を広げて大きなろくろ、「AかつB」というときは両手を狭めて小さなろくろを作れば、聞き手は直観的にそのニュアンスを理解できるでしょう。そういう手振りをする人は、じつは無意識のうちに数学的思考をしているのだと思います。

討論はホワイトボードにベン図を書きながら

先ほどの判決文も、ベン図で整理すればそんなにややこしい話ではなくなります。まず、「または」でつながっている「表現内容が真実でない」と「専ら公益を図る目的のものでない」をヒョウタン型の大きな集合Aとして書き、「かつ」で結ばれている「被害者が重大にして著しく回復困難な損害を被る虞がある」の集合Bを集合Aに少し重ねて書く。その重なった部分が、「例外的に許される」といっているわけです。文章を読むだけでは頭に入りにくいことが、かなり飲み込みやすくなったのではないでしょうか。

テレビの討論番組やネット上の議論を見ていても、「ベン図を書け!」と叫びたくなることが少なくありません。それぞれの主張に、「AならばBだ」といった条件つきの命題がさまざまな形で複雑にからまっています。それが整理されていないせいで誤解が生まれ、見当違いな異論や反論で無駄に時間が過ぎていくことがよくあるのです。

それを避けるためにお勧めしたいのは、討論の場にはできるだけホワイトボードを用意すること。**そこにベン図を書きながら話し合えば、時間と労力をかなり節約できるはずですし、討論そのものも実りのあるものになるでしょう。**

「AならばB」という命題をベン図で表わすのは簡単です。

たとえば「人間ならばみんな動物だ」というなら、「動物」の集合Aの中に「人間」という部分集合Bを書くだけ。これを見れば、「たしかに動物ではない人間はいないし、だからといって、動物は人

図17　命題をベン図で整理すると…

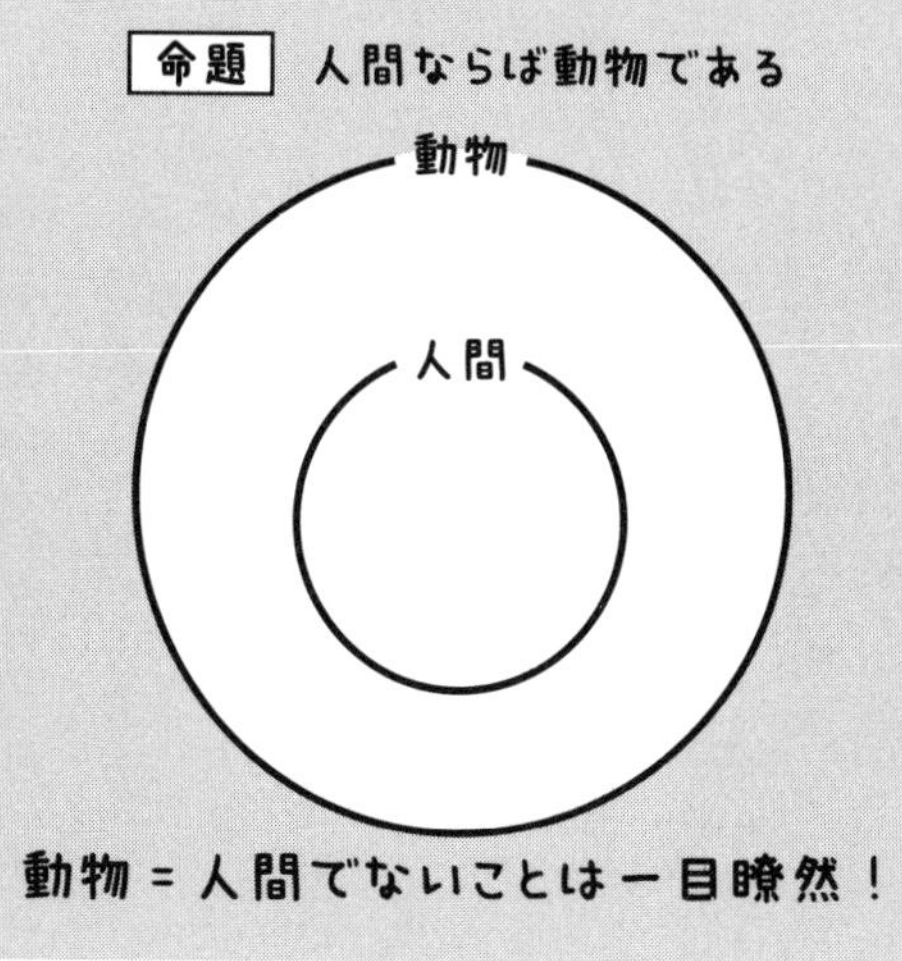
命題　人間ならば動物である
動物
人間
動物＝人間でないことは一目瞭然！

間だけではない」ことが一発でわかります（図17）。

このベン図を見ながら、「あなたは動物がみんな人間だというのか！」とか「私をブタやヘビやカエルと一緒にするなんて失礼じゃないか！」などと食ってかかる人はいません。万が一いたとしても、相手にする必要のないイチャモンだと誰にでもわかります。

逆にいえば、ベン図を使わずに言葉だけでやっている議論では、こんなバカげたやり取りが珍しくないということ。こんなレベルの勘違いを正すだけで大変な苦労をしている人がよくいます。

ベン図があれば、それを指さしながら「いやいや、あなたはこの部分の話にこだわっていますが、私はこちらの話をしているんですよ」といえば簡単に納得させられる話を、何時間もかけて延々と続けるのですから、時間の無駄としかいいようがありません。

「セカンド・ベスト」を探すベン図の使い方

ベン図は自分自身の頭の中を整理するのにも使えます。

就職や結婚といった人生の大きな選択から、賃貸アパート探しや洋服選びなどにいたるまで、自分の希望する「条件」に折り合いがつかなくて迷うことは誰にでもあるでしょう。

就職先なら、「給料はいくら以上」「勤務地は東京」「外回りではなくデスクワーク」といった複数の希望があるでしょう。結婚相手なら「収入」「容姿」「性格」、賃貸アパートなら「家賃」「間取り」「駅からの距離」、洋服なら「値段」「ブランド」「色合い」などなど、希望する条件はひとつには絞りきれません。

でも、理想と現実のあいだには常に溝があります。「AかつBかつCかつ……」というすべての条件を兼ね備えたものにはなかなか出合えません。だからどこかで妥協しなければばいけないわけですが、それがまた難しい。

最後は面倒臭くなってしまい、どれかひとつの条件だけで比較検討することもあるでしょう。そして結局「やっぱり、あっちにすればよかった！」と後悔することになるわけです。

何かしら妥協する以上、後悔をゼロにするのは難しいかもしれません。

しかし、できれば「セカンド・ベスト」、せめて「サード・ベスト」ぐらいの判断はしたいところ。そのためには、**希望する条件をベン図で整理して「または」と「かつ」で選択肢がどう広がり、どう狭まるのかを見てみるといいでしょう。**

賃貸アパート探しで迷っている人なら、すでにネットや不動産屋さんで情報を仕入れ、5つか6つぐらいの候補があると思います。その中には、「家賃は安いけど間取りが悪い」物件もあれば、「駅から近いけど家賃が高い」物件、「家賃も間取りも条件に合うけど駅から遠い」物件などもあるでしょう。しかし、希望する条件が「家賃が安い」「駅から近い」「間取りがいい」だとすると、3つの集合が交わるところに入る物件はひとつもなく、どれも帯に短しタスキに長し。「AかつBかつC」にこだわっていたら、いつまでたっても引っ越せません。

ならば、セカンド・ベストを探すしかない。そこで見るべきは、「AかつB」「BかつC」「AかつC」のところに入っている物件です。もし、そこにひとつずつ候補が入っているなら、とりあえず選択肢を3つまで絞り込めたことになる。もしかしたら、いちばん駅から近い物件が候補から外れてしまうかもしれませんが、2つも希望に合わない条件があるのですから、きっぱり諦めましょう。

さて、残った3つの候補からどれを選ぶか。

そこはもう直観でもいいかもしれませんが、あらためて自分の希望条件がどれぐらい本気だったのかを見つめ直すのもいいと思います。

自分にとって必須の条件はCだ。そこまでわかれば、いままでは「AかつB」でなければイヤだと思い込んでいたけれど、じつは「AまたはB」でも納得できるのではないか。だとしたら、選択肢はさらに絞れます。AとBはどちらか満たしていればいい。必須の条件はCですから、「AかつC」と「BかつC」の二択になるのです。もしCが「駅からの距離」なら、より駅に近いほうを選べばいいでしょう。

「かつ」から「または」への切り替えは、選択肢を増やすという利点もあります。

たとえば就職先を考えるとき、「給料が良くて、転勤がなくて、仕事にやり甲斐のある会社」などと条件をすべて「かつ」で考えていたのでは、選択肢が増えません。面接を受ける会社が少ないのでは、合格の可能性も高まらないでしょう。

選択肢を増やすには、自分自身と向き合って条件を見直すことです。すると「給料がいいか、やり甲斐があるか、どちらかがあれば納得できそうだな」などと思えるようになるかもしれません。ベン図を見ればわかるとおり、どれかひとつを「または」にするだけで、選択肢は一気に広がります。

ベン図を書いて整理してみると、頭の中でモヤモヤしていた悩みがスッキリした形に可視化されるのは間違いありません。それに加えて、前にお話しした座標軸や確率を組み合わせて考えることもできるでしょう。数学的思考は、多角的「かつ」冷静「かつ」合理的に物事を判断するために欠かせないのです。

使える！　集合思考のポイント

- 「または」と「かつ」の使い方、間違っていない？
- 「または」は or、「かつ」は and
- ベン図を書けば、条件つき命題もすっきり
- ベン図を使えば、判断力アップ！「セカンド・ベスト」も見つけやすい

因数分解

●括弧でくくる「片づけ思考」

考えをスッキリと整理するための数学的ツールとしては、**「因数分解」**も役に立ちます。これも「何のためにやってるんだ」とボヤかれる数学の代表格ですが、授業で習ったときにその「スッキリ感」に気持ちよさを感じた人は多いはずです。

その感覚を思い出すために、中学校で教わった因数分解の公式をいくつか見てみましょう（図18）。

ゴチャゴチャして何をいっているのかよくわからない左辺が、ご覧のとおり右辺では括弧《かっこ》でくくられたシンプルな形になります。この左辺と右辺が同じことをいっているなんて、にわかには信じられないほどの驚きではありませんか！

そこには、ゴミ屋敷同然の部屋を掃除の達人があっという間におしゃれな空間に生まれ変わらせたような爽快感があります。そう、**因数分解的な思考とは、要する**

に「片づけ思考」にほかなりません。

　因数分解と聞いただけでイヤな顔をする文系人間でも、この「片づけ思考」は当たり前のようにしているはずです。たとえば衣服を整理するときに、下着もシャツも靴下もセーターも混ざった状態で収納すると落ち着かないでしょう。下着は下着、シャツはシャツのケースなどに収納します。

　これは、まさに**「括弧でくくる」**という作業です。とりあえず洗濯物を取り込んだ段階では因数分解の左辺みたいな状態だったものが、たたんで片づけたときには右辺のようになっている。私たちはみんな、そこで洗濯物を因数分解

図18　因数分解の公式

$$x^2+2ax+a^2=(x+a)^2$$

$$x^2-2ax+a^2=(x-a)^2$$

$$x^2+(a+b)x+ab=(x+a)(x+b)$$

$$x^3+3x^2y+3xy^2+y^3=(x+y)^3$$

しているわけです。

何らかの共通項を持つものをまとめるのが片づけの基本。これは因数分解の基本と同じですから、片づけのうまい人は数学的思考をしているのです。

そういう**「片づけ＝因数分解」**は、目に見える物だけに使えるわけではありません。仕事の段取りなどを考えるときにも役に立ちます。

雑多な案件があれこれと立て込んで、何から手をつけていいのかわからなくなったら、**とりあえず目の前にあるタスクを因数分解してみるのです。**そこには、メールの返事、電話、書類、外出といった共通項があるでしょう。それを括弧でくくれば、「よし、まずはメールを片づけよう」などと効率よくまとめて処理する段取りが立てられます。

ちなみに**ビートたけしさんは、映画の筋立てを考えるときに「因数分解する」とおっしゃっていました。**少し長いですが、引用してみましょう。

〈例えば、Xっていう殺し屋がいるとするじゃない。そいつがA、B、C、Dを殺すシーンがあるとする。

普通にこれを撮るとすれば、まずXがあらわれて、Aの住んでいるところに行ってダーンとやる。今度はBが歩いているところに近づいて、ダーン。それからC、Dって全部順番どおりに撮るじゃない。

それを数式にすると、例えばXA+XB+XC+XDの多項式。これだとなんか間延びしちゃう感じで美しくない。XA+XB+XC+XDを因数分解すると、X(A+B+C+D)となるんだけど、これを映画でやるとどうなるか、という話が「映画の因数分解」。

最初にXがAをすれ違いざまにダーンと撃つ。それから、そのままXが歩いているのを撮る。それでXはフェードアウトする。

それからは、B、C、Dと撃たれた死体を写すだけでいい。わざわざ全員を殺すところを見せなくても十分なわけ。(略)

これを簡単な数式であらわすと、X(A+B+C+D)。

この括弧をどのくらいの大きさで閉じるかというのが腕の見せどころで、そうすれば必然と説明も省けて映画もシャープになる。〉

（ビートたけし『間抜けの構造』新潮新書）

私が文章を書くときも、章立てなどにはやはり因数分解的な思考を使います。

これは、文章を読むときも同じ。とくに英語の長文読解は、括弧を使って整理していくと全体の流れがクリアになります。そうやってまず全体の構成を把握すると、その文章の「骨」が見えてくるので、あまり重要ではない修飾語などはわからなくても、それを無視して文意が理解できるのです。

要するに、頭の中をスッキリさせて物事を考えようとするなら、「括弧でくくれるものはさっさとくくれ」ということ。**因数分解とは、共通項でくくる省エネ思考**といってもいいでしょう。数式に「括弧」を導入したのは、誰が考えたのか知りませんが、じつにすばらしい発明だったと思います。

6章 証明

騙されないための論理力を鍛える

数学的証明は「考え方」「話し方」のトレーニング

数学は国語力も鍛えてくれる——前章ではそんな話をしました。「集合」を使って思考すれば、「または」と「かつ」の意味を理解しやすくなりますし、議論で無駄なやり取りに時間を浪費することもなくなります。

これは文系人間に「役に立たない」どころか、むしろ必須の思考法といえるでしょう。理系か文系かは関係なく、私たちが物事を考えるときには「ロジック（論理）」が欠かせません。数学はそれを鍛えてくれるのです。

そこでもうひとつ、話し方や議論の進め方をレベルアップさせてくれる数学の考え方をお教えしましょう。それは**「証明」**です。

この言葉を聞いて誰でもすぐに思い浮かべるのは「三角形」ではないでしょうか。

「三角形の内角の和が１８０度であることを証明せよ」とか「２つの三角形が合同である

ことを証明せよ」といった問題を懐かしく思い出す人も多いでしょう。

しかし、「証明」は三角形や平行線などを扱う幾何学だけで使うものではありません。何かを証明するのは、数学という学問の生命線のようなもの。

たとえば「フェルマーの定理」とか「ＡＢＣ予想」といった数学の大問題を、言葉だけは知っている人も多いでしょう。数学者にとっては、それらの仮説をいかに証明するかが大きなテーマです。ある意味で、数学は、何かを証明するためにあるといっても過言ではありません。


証明は、まさに「数学そのもの」なのです。


もちろん、数学者ではない一般人には、フェルマーの定理もＡＢＣ予想も人生に何の関係もありません。しかし証明は誰にとっても大事。何か物事を考えて結論を出すという行為は、数学的な「証明」のプロセスを踏まえなければうまくいかないからです。

また、その手続きがわかっていないと、人を納得させることもできません。**証明は、「考え方」と「話し方」の両方のトレーニングになるのです。**

たとえば、あなたが「犬好き」だとしましょう。あるとき、初対面のAさんがやはり「犬好き」だとわかりました。そこで「だからAさんもいい人だ」と思い込むことが、人にはよくあります（私もそうです）。

しかしいうまでもなく、この推論には十分な根拠がありません。Aさんはもしかしたらたしかに「いい人」かもしれませんが、「犬が好き」という前提だけではそれを証明できません。世の中には「犬が好きな悪人」がいくらでもいるからです。Aさんが自分を騙《だま》そうとして近寄ってきた「悪い人」である可能性はあるでしょう。

でも**人間は往々にして、「犬好き＝いい人」といった直観的な思い込みで物事を判断してしまいます。**

詐欺《さぎ》被害がなくならないのが、その証拠といえるかもしれません。

数学的な「証明」の訓練が不十分だと、私たちの思考は隙《すき》だらけのボンヤリしたものになってしまうのです。

ユークリッド幾何学の「公理」とは

数学の証明は、そういう「隙」をいっさい許しません。

三角形の内角の和が180度だと証明されたら、それはもう180度以外の何物でもない。紙に書かれた三角形の内角を分度器で測ったら182度だったり179度だったりするでしょうが、数学の証明はそんな反論を「知ったことではない！」とはねつけます。

まず「三角形とは何か」「その内角とは何か」といった抽象的な定義が前提として存在し、その前提から思考を進めていけば、紙に三角形を書く必要さえありません。いちいち計測しなくても、内角の和は180度だと証明できてしまう。179・9999度でも、180・0001度でもなく、180度。

「犬が好きなら、いい人」という主張は犬好きの詐欺師でも連れてくればあっさり崩壊しますが、「三角形なら、内角の和は180度」という結論はどんな反論も受けつけない。

厳密にして完璧な証明です。

物事をボンヤリとしか考えられず、そのために隙だらけの意見を言う人間になりたくなければ、これを「すごい！」と感じるセンスを持っていただきたい。

数学的な証明の威力を理解せず、「だから何なの？」とポカンとしているようでは、思い込みによる失敗を避けられませんし、自分の考えをきちんと人にわかってもらうこともできません。

ユークリッド
（エウクレイデス）
（前330頃〜前260頃）
ギリシャの数学者。「幾何学の祖」

ただし、数学の証明の「完璧さ」に感動するときには、忘れてはいけないことがあります。それは、**証明の前提に「公理」があること。**三角形の内角の和を１８０度とする証明は、ユークリッド幾何学の公理を前提にしています。その公理が「正しいとすれば」という前提がなければ、証明は成り立ちません。

公理とは、ある理論の出発点となる大前提のことです。それ自体は「これは誰が考えても当然こうだよね」ということになっているので、正しいかどうかの証明は不要。たとえばユークリッド幾何学の公理には、こんなものがあります。

〈2つの点が与えられたとき、その2点を通るような直線を引くことができる〉

それはそうでしょう、というしかありません。3点を直線で結んだ三角形が書けるのも、この公理が大前提として存在するからです。現実に「まったく歪みのない完全な直線」を書くのは不可能ですが、それは問題ではありません。それが「引ける」という前提で話を始めるのがユークリッド幾何学です。

いま私は「完全な直線」を現実に書くのは不可能といいました。「いやいや、がんばればできるのでは?」と思った人もいるでしょう。しかしユークリッド幾何学では、「点」と「線」を次のように定義しています。

点：大きさ、方向など位置以外のあらゆる特徴を持たない。

線：幅のない長さである。線の端は点である。

点はどんな大きさも持ってはいけないし、線は長さという大きさしかないのですから、現実に「書く」のはどう考えても不可能でしょう。いくら小さく書いても現実の点（のようなもの）には必ず面積がありますし、書かれた線（のようなもの）には必ず幅がある。それはユークリッド幾何学が「面」と呼ぶものであって、「点」でも「線」でもありません。だから現実に「直線」を書くことは不可能なのです。

したがって、その点と線で囲まれた「三角形」を書くことも現実にはできません。内角の和が１８０度になる完全な三角形が存在するのは、いわばプラトンのいう「イデア」の世界だけです。

プラトン哲学における「イデア」とは、物事の「真の姿」あるいは「原型」のようなものだと思えばいいでしょう。たとえば現実の世界にはさまざまな形の椅子がありますが、それを見て私たちが「これは椅子だ」と思えるのは、それが「椅子のイデア」を持っているからだとプラトンは考えます。しかし、その「椅子のイデア」は現実世界のどこにもありません。

プラトンは、ピタゴラス学派の幾何学からヒントを得てこのイデア論を築きました。まさに幾何学の図形は、イデアそのものなのです。

前提が違えば三角形の内角の和も180度ではなくなる

話がいささか横に逸れてしまいました。「公理」の問題に戻りましょう。公理という前提がなければ、どんな証明も成り立たないという話です。

事実、ユークリッド幾何学で完璧に証明されている「三角形の内角の和」も、公理が違えば盤石《ばんじゃく》ではありません。というのも、ユークリッド幾何学は**「平行線公理」**をひとつの前提としています。

「1つの線分が2つの直線に交わり、同じ側の内角の和が2直角より小さいならば、この2つの直線は限りなく延長されると、2直角より小さい角のある側において交わる」

という読んでいてイヤになる公理ですが、「または」と「かつ」がベン図でわかりやすくなるのと同様、これも図で見ればべつに難しくはありません(図19)。

角αと角βの角度が合わせて180度より小さければ、2つの直線は必ずどこかで交わります。ごく当たり前のことです。そして、$\alpha+\beta$がぴったり180度なら、2つの直線はどこまで延ばしても交わりません。だから「平行線公理」というわけです。

でも、じつはこの公理が成り立たない世界があります。それは**「曲面」**です。$\alpha+\beta$が180度のときに2直線がどこまでも平行になるには、そこが「平面」でなければなりません。そのことは、地球

図19　平行線公理

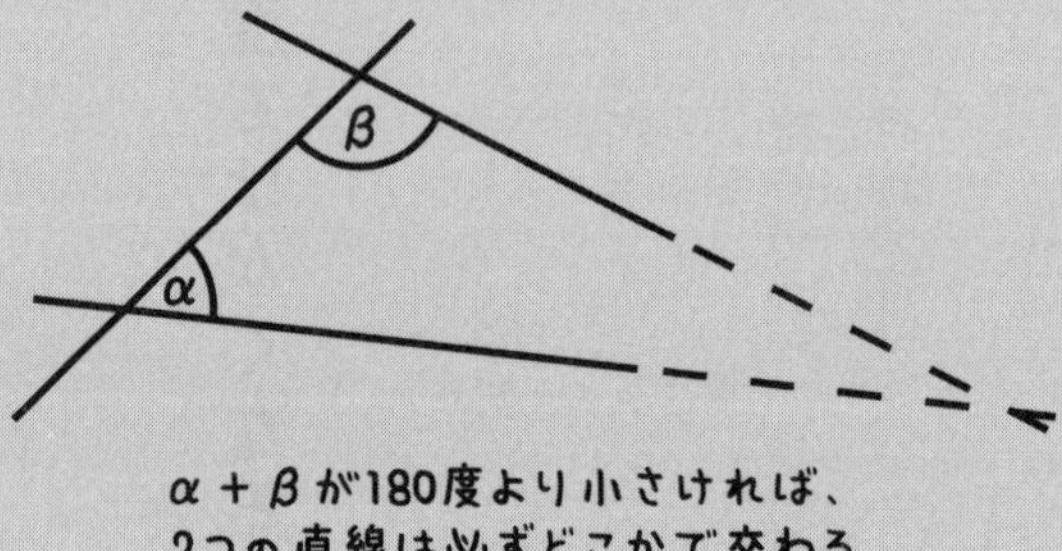
β
α
α＋βが180度より小さければ、
2つの直線は必ずどこかで交わる

儀を見てもらえばすぐにわかります。緯線と経線はどの点でも直角に交わっているので、平面上ならどこまでも平行のはず。しかしすべての緯線と経線は、北極と南極で交わります。

そこでは、三角形の内角の和も180度とはかぎりません。一例として、北極で直角に交わる2本の経線とそれに挟まれる赤道で作る巨大な三角形を考えてみてください。赤道（緯線）は経線と直角に交わるので、この三角形の3つの角はすべて90度。したがって内角の和は、90×3＝270度になるのです（図20）。こうなると、非ユークリッド幾何学のワールドです。

図20　地球に描く巨大な三角形の内角の和は…

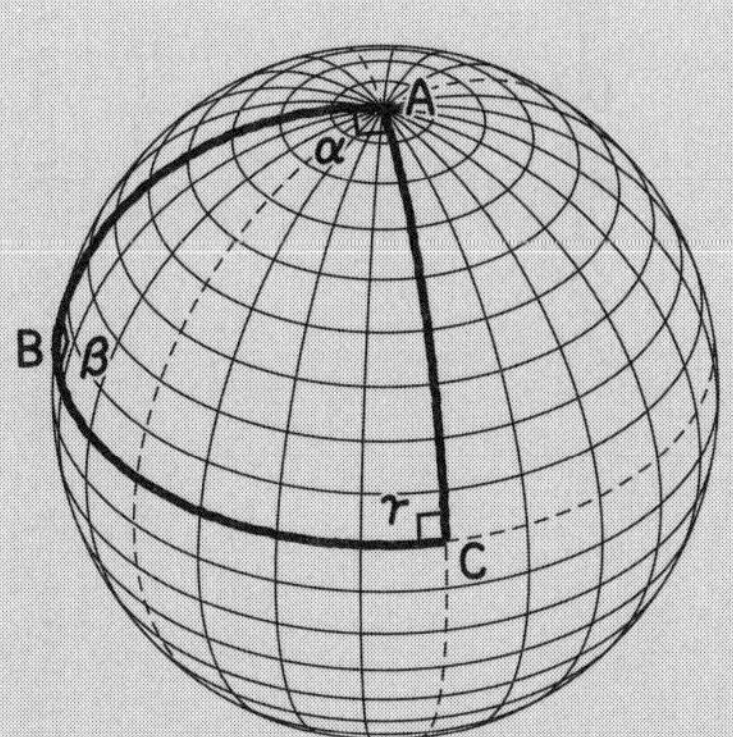

ユークリッド幾何学の話が長くなってしまいましたが、ここで理解してほしいのは、**論理的に何かを証明するときは「前提」が大事ということ。**感動的なほど厳密で完璧な幾何学の証明でさえ、公理という前提が崩れると簡単にひっくり返ってしまうのです。

ですから、**論理的に物事を考えて何らかの結論を導こうとするときは、そもそもの前提におかしなところがないかどうかを確認しなければいけません。**曲面の話をしているのに平面の公理を前提にしていたのでは、途中のロジックがどんなに正しくても間違った結論しか出ないでしょう。

思い込み＝先入見を取り外す現象学の考え方

とくに気をつけなければいけないのは、**「思い込み」**です。

先に挙げた「犬好きならいい人だ」もそうですが、根拠のない思い込みを前提にしているせいで間違った推論をしてしまう人は少なくありません。

たとえばよく見かけるのが、相手の「出身地」で性格を決めつける人。京都出身なら「いけず」とか、大阪出身なら「ボケやツッコミがうまい」とか、高知出身なら「お酒が強い」などのいわゆる「県民性」は、テレビ番組でもしばしば面白おかしく取り上げます。たしかに、それぞれの地域に特徴的な傾向がまったくないこともないでしょう。でもそれは、「平行線はたいがい交わらない」といっているようなもの。そんな公理ともいえない前提からは、何ひとつ証明できません。せいぜい「三角形の内角の和はおおむね１８０度だが例外もある」といった程度の話です。

もっと根拠薄弱な思い込みは、血液型や星座などに基づく性格判断でしょう。そんなもので人の性格や行動パターンが決まることなどあり得ませんが、いまでも相変わらず血液型や星座を知りたがる人はたくさんいます。

こういう思い込みを前提に話をする人とは、まともな議論が成り立ちません。そもそもの前提がおかしいのですから、それこそどこまで行っても平行線になるでしょう。

ただし、雑談のネタとしては盛り上がりやすいので、証明できないネタも存在意義はあります。

ちなみに、オーストリアの哲学者フッサールが提唱した現象学の方法論では、こうした思い込みのことを**「先入見」**と呼びます。**その先入見をいったん取り外して物事を見るのが、常に「事象そのものへ」立ち返って考える現象学的な態度です。**

たとえば「リンゴは赤い」という見方は、「B型の人はマイペース」よりはしっかりした根拠があるように思えるでしょう。しかし現象学では、それも先入見として取り外すべきだと考えます。

すると、それまでは「赤い」と思い込んでいたリンゴの表面に、白っぽいところもあれば、黄色やオレンジに近い色なども含まれているのが見えるようになる。リンゴの絵を描くとき、多くの人はつい「リンゴはこういうものだ」と思って真っ赤に塗ってしまいますが、それでは現実を描いたことになりません。リアルなリンゴを正確に把握するには、思い込みを捨てて観察することが大事です。

エトムント・フッサール
(1859〜1938)
ドイツの哲学者。現象学の創始者

議論をするときも、お互いに前提の部分でこのような先入見を抱いていることが少なくありません。ですから、ちゃんと歯車の噛み合った議論を進めていくには、**何を前提に話をしているのかを意識して、お互いに確認しなければいけません。**

多くの議論は、**「仮にAがXだとすると」**という前提から始まっています。その仮定を踏まえた上で、「ならばBはCですよね？」「いや、BはDのこともあるでしょう」「たしかに。しかしいずれにしても、BがEではないことは間違いありません」……といった事実認識を積み上げて、最終的に何らかの結論が正しいことを証明しようとするのが議論のあるべき形です。

三角形の内角の和も、「仮に平面がこういうものだとすると」という前提から始まって、「ならば180度である」という結論にいたりました。その上で、議論の前提を見直すところから始まったのが「非ユークリッド幾何学」です。

「仮にそこが平面ではないとすると」という前提に置き換えると、三角形の内角の和は「必ずしも180度ではない」という結論になりました（先ほどは270度になるケースをご紹介しましたが、180度より大きくなるともかぎりません。内角の和が180度より小さくなる前提もあります）。

私たちの日常的な議論も、「仮に」という前提がはっきりしていれば、そういう展開ができるでしょう。**ある仮定から何か結論が出たあとで、では逆に「AがYだとすると」と別の仮定を前提に考えてみる。そういう議論は、じつに建設的です。**

反証可能性のないものは科学ではない

世の中には、一見するともっともらしい理屈を並べていながら、じつは何もまともに証明できていない怪しげな話がたくさんあります。しばしば「似非《えせ》科学」「トンデモ理論」といった言葉で批判される医療や商品にも、そういう面があるでしょう。おかしな理屈に騙されないためにも、やはり「証明」という数学的思考ができることが大事です。

ある理論が科学的に妥当かどうかを見極めるために、「証明」の何たるかを理解するには、**「反証可能性」**という考え方も知っておいて損はありません。イギリスの科学哲学者カール・ポパーが1930年代に提唱したものです。

ポパーは、マルクス主義が「科学」を名乗ってさまざまな主張を展開するのが気に入りませんでした。マルクス主義では、「歴史法則」という言葉を使います。ブルジョワと労働者のあいだに階級闘争が起こり、それによって社会が資本主義から社会主義に移行するのは歴史法則による必然だ、と主張する。その法則を見出したのだから、マルクス主義は「科学」だというわけです。

そもそも「主義」と名のつくものはある種の思い込み（価値観）に基づいている側面があるので、それを掲げる人たちに「これはこうだ」という信念を主張されれば、「はあ、そういうものですか」と受け止めざるを得ません。その根底にある価値観は主観的なものだから、客観的な証拠なしで何でもいえてしまうのです。

しかし、それを「科学」や「法則」といった言葉で正当化するのはいかがなものか——そんな疑問を抱いたポ

カール・ポパー
（1902〜1994）
オーストリア出身、英国の科学哲学者

パーは、**ある主張が「科学」を名乗れるために必要な条件を考えました。それが、反証可能性です。**

勘違いしないように念のためいっておくと、これは「科学的に正しい」ことの条件ではありません。あくまでもそれが**「科学」であることの条件**です。科学者はさまざまな仮説を主張しますが、その中には当然、あとで間違いだとわかるものもある。しかし間違っていたからといって、それが「科学ではない」わけではありません。科学を名乗る資格はあるけれど、結果として科学的には間違っていたことが証明されたという話です。

反証可能性とは、その「間違い」の証拠を示せる可能性のこと。ある仮説に反対する人が「それは違う」と反証できる可能性があれば、その主張は科学的だといえるわけです。自分の理論が間違っていると証明する「反証」を受け入れる用意のある態度、この潔《いさぎよ》い態度が科学的です。

もっとも単純でわかりやすい反証は、その理論が提唱する法則の「例外」を示すことでしょう。**法則とは「AならばBになる」という主張ですから、AなのにBにならない**

ケースがひとつでもあれば否定されます。

ニュートンを乗り越えたアインシュタインの理論

たとえばニュートンの万有引力の法則も、そうでした。その理論が完全に正しければ、太陽系には水星の内側にもうひとつ惑星がなければいけなかった（そうでなければ水星の動きが説明できなかった）のですが、天文学者がいくら探してもそれが見つかりません。**水星の動きは、ニュートン理論の「例外」だったのです。**

しかし、アインシュタインがその問題を解決しました。といっても、新惑星を見つけたわけではありません。**彼の一般相対性理論を使えば、そんな惑星がなくても水星の動きを説明することができたのです。**

だからといって、ニュートンの理論が科学的ではなかったわけではありません。そうやって「例外」を示すことのできる反証可能な理論だったのですから、たしかにそれは科学と呼ぶことができます。

さらにニュートンの名誉のために付け加えれば、その力学は完全に間違っているわけでもありません。重力や物体の速度などが極端に大きい場合はズレが生じますが、近似的には現実の自然界をきわめてうまく説明できる見事な理論です。

だからこそ、現代でも物理学の基本として学校で教えているし、さまざまな場面でその理論が使われてもいる。また、ニュートンを乗り越えたアインシュタインの理論も科学である以上は反証可能性があり、いつか新しい理論に乗り越えられる日が来るかもしれません。

そうやって常に反証と戦うのが科学です。中間子理論で日本人初のノーベル賞を受賞した湯川秀樹《ゆかわひでき》さんは、自分の立てた仮説に自分で反証をぶつけて潰《つぶ》すという苦しい作業を毎日のようにやっていました。

そういう反証の可能性がない「言ったモン勝ち」みたいな主張は、科学とは呼べません。

「歴史の必然で社会主義の世の中が訪れる」といわれても、検証実験を行なって「社会主義になりませんでした」という反証を示すわけにもいかないでしょう。仮定と結論をつなぐ論理構成の間違いや矛盾を突いて「反論」することはできますが、「反証」は不可能。

そういう主張に意味がないとはいえませんが、「科学」ではありません。つまりその理論は何もまともに証明していないということです。

似非科学やトンデモ理論の場合、まっとうな科学者たちから反証が示されることが多いので、「反証可能性がある」という点では科学の条件を一見満たしているかのようですが、しかし**まともな科学であれば、確固たる反証が出された時点で理論を取り下げるか、修正するでしょう。**そのための「反証可能性」です。

しかしいくら反証を出されても聞く耳を持たず、「この治療法でがんが治った人がいる」などと数少ない実例を楯にして同じ主張を続けるのは、やはり科学的な態度ではありません。自分の身の回りにいる2～3人の例だけで「B型はマイペース」とか「犬好きに悪い人はいない」などと決めつけるのと同じことです。

また、反証可能性を大事にするという意味では、「目標を数字で掲げる人」は信用できるといえるでしょう。「売上を30％以上アップできなければ責任を取ります」といった数値目標は、明らかに間違いを指摘することができるので、反証可能性があります。目標以下の数字を出されたら、潔く責任を取るしかありません。そういう厳しさを自分自身に課しているという点で、信用できるわけです。

逆に、「誠心誠意みなさまのために働きます！」「国民の幸福を実現します！」といった政治家の演説には、まったく反証可能性がありません。

もちろん、政治家が常に科学的な主張をしなければいけないわけではないでしょう。でも、本気で責任を持って仕事をする覚悟があるならば、国民の知性的な評価を受けられるよう、何らかの形で「証明」できる目標をひとつでも掲げていただきたいと思います。

私たちも、否定されることを恐れない明晰さを持ちたいものです。

使える！ 証明思考のポイント

- 論理的に証明するには「前提」が必要
- 建設的な議論とは、①前提→②事実認識の積み上げ→③結論が正しいことを証明→④別の仮定を前提に再度考える
- 思い込みに注意。「先入見」（思い込み）を外し、「現象そのもの」に立ち返って考えることを提唱したのが、フッサール。現象学的方法論
- 「科学」を名乗るために必要な条件が「反証可能性」

Column 2

文章題

●「段取り」が説明できれば必ずしも計算しなくていい

数学というより「算数」の話ですが、小学生がやる「文章題」も日本語力を鍛えるためのトレーニングになります。逆にいうと、文章題が苦手な子どもは、数学力ではなく国語力が低いということ。だから、文章題で国語力がつくのです。

日本語のトレーニングとして文章題に取り組むときは、極端な話、計算して答えを出す必要はありません。何をどう計算すれば答えが出るか、その「段取り」を説明できることが大事です。

たとえば、濃度の異なる2種類の食塩水AとBを合わせたときに、全体の濃度が何%になるかを求めさせる文章題がよくあります。これを解くための段取りを考えるには、何よりもまず「何を求められているのか」を理解しなければいけません。ゴールが何なのかわからない状態では、そこまでの道筋を考えることもできません。

ちなみに先ほどの「証明」でも、ゴールからの逆算思考が役に立つことがあります。**「仮に○○だとすると」**というスタート地点から論理を積み上げていくだけでなく、ゴール地点にある結論から**「こうなるための条件は何か」**と逆方向に考えてみる。ちょうど、トンネルを山の両側から掘り進めていくと途中でくっつくのと同じように、スタートとゴールの両側から攻めていくと論理がつながるのです。

文章題の話に戻りましょう。次のように日本語として説明します。

「2つの食塩水を合わせたときの全体の濃度」がゴールだとわかったら、スタート地点に戻って段取りを考えます。食塩水の濃度を求めるのですから、食塩と食塩水の量がわからなければ計算できません。濃度とは「食塩の量÷食塩水の量」だからです。

では全体でどれだけの食塩の量があるかというと、それは問題文に書いてある食塩水Aの濃度と、食塩水Bの濃度から計算できます。食塩は、食塩水に濃度をかければ出ます。それを計算で求めたら、ＡとＢの食塩の量を足したものを、もともとわかっているＡとＢの食塩水の量を足したもので割ればよい。その計算結果が、この問題のゴールです。

このように、段取りを言葉で説明できるようになれば、「じゃ、あとは誰か計算しておいてね。よろしく！」と遊びに行っても、日本語のトレーニングとしては十分。もちろん算数のトレーニングとしては実際に計算して正しい答えを出さなければいけませんが、たとえ計算力はあっても、この段取りを説明できるだけの国語力がないと正解にはたどりつけません。文章題を解くには、計算力の前に国語力が必要なのです。

この「段取り力」が求められるのは、もちろん算数の文章題だけではありません。それこそ議論や会議などの場で自分の意見を説明するときも、ゴールまでを見通して何から順番に話せば理解してもらえるかを考える必要があるでしょう。そういう力を養うという意味で、数学の勉強は誰にとっても役に立つのです。

7章

ベクトル

方向と大きさで考える

ベクトルはただの「矢印」ではない

数学用語の中には、文系の人たちも好んでよく使うものがあります。たとえば「方程式」。古い話ですが、かつて巨人の長嶋茂雄《ながしましげお》監督は自らの継投パターンを「勝利の方程式」と呼びました（長嶋さんは理系な感じはしませんが、調べてみたら立教大学経済学部卒業でした）。会社でも、あちこちの利害が折り合わない難題を抱えたときなどに、「うーん、この方程式を解くのは大変だな」などとボヤく人がいるかもしれません。

「最大公約数」もよく使われます。たとえば会議でいくつかの意見が対立してしまい、どれかひとつだけを採用するわけにはいかない。そんなときに、「どれも良いところがあるから、最大公約数を取ればいいんじゃないかな」などといって、それぞれの意見からみんなが納得できる部分だけを取り出して集約し、妥協を図ることがあるでしょう。必ずしも良い意思決定の方法だとはいえませんが、そうやって「最大公約数」を取ると全会一致で円満に会議を終えることができたりするわけです。

文系人間にも数学的思考法は必要なので、もちろん、こうした用語の使い方は悪いことではありません。実際に方程式を解いたり公約数を計算したりするわけではなくても、数学的な感覚に馴染《なじ》み、それを生かすことはできるでしょう。

ただし、せっかく使うのであれば、もっとその意味を理解して使ったほうが役に立つと思える数学用語もあります。それは、**「ベクトル」**です。

「その企画はちょっとベクトルが違うんじゃないかな？」

「キミとは生き方のベクトルが違うんだ」

そんな表現を見聞きしたことは誰にでもあるでしょう。自分でも、そんなふうに「ベクトル」を使ったことのある人もいると思います。では、この「ベクトル」は何を意味しているのか。文系人間の場合、ほとんどは「方向」あるいは「方向性」のつもりで口にしているのではないでしょうか。

ベクトルは、「↓」という記号で表わされます。数学が苦手な人でも、それを学校で習ったときの印象は強く残っているのでしょう。だから、単に「方向性が違う」というより、「ベクトルが違う」といったほうが「矢印感」が出てニュアンスがよく伝わるような気がする。「ベクトル」と言いたくなる理由は、そんなところかもしれません。数学用語を使うとちょっと知的な感じがしてかっこいい、という思いもあるでしょうか。

でも、数学で「ベクトルが違う」という場合、違うのは「方向」だけではありません。もちろん方向が違えばベクトルは違うのですが、ベクトルはもうひとつ重要な意味を持っています。それは、大きさ。**ベクトルとは、「方向」と「大きさ」の両方を持つ量なのです。**

したがって、方向が同じでも大きさが違えば、ベクトルは違います。理系の人にうっかり「それはベクトルが違う」と指摘すると、「違うのは方向ですか、大きさですか、それとも両方ですか？」と聞き返されてしまうかもしれません。

方向性の話だけをしているのなら、そのまま「方向性」といったほうが無難です。

バンド解散の理由は本当に「方向性の違い」か？

逆に、むしろ「ベクトル」といったほうが適切かもしれないと感じるものもあります。よくロックバンドなどが解散するときに「メンバーの方向性の違い」を理由に挙げますが、違ったのは本当に「方向性」だけでしょうか？　中には、やりたい音楽の方向性が違うだけでなく、バンドを続けていく意欲や意志の強さにも違いが生じてしまったケースがきっとあると思います。

たとえば、残念ながら解散（公式にはＡＳＫＡさんが脱退）してしまったチャゲアスは、チャゲ&飛鳥としてデビューする前に7人編成のバンドだった時期がありました。これはただの想像にすぎませんが、最終的にデュオとしてデビューすることになった背景には、ほかの5人とのあいだに何か「大きさ」の違いがあったのかもしれません。

プロになろうという気持ちの強さなのか、持っているエネルギーなのか、思い描く未来のスケール感なのかわかりませんが、そういう大きさの違いによってグループがまとまれなくなることはあるでしょう。たとえ目指す方向性は同じでも、それもまた「ベクトルの違い」なのです。

ちなみにチャゲ&飛鳥のデビュー時のキャッチコピーは「九州から大型台風上陸！　熱い喉《のど》が衝《つ》き叫ぶ！」。彼らの「ベクトルの大きさ」を感じさせますね。

ベクトルに「方向と大きさ」があるとわかれば、それを使った思考法も幅が広がります。単に「矢印」の意味を持つ言葉として使えるだけのものではありません。

たとえば「努力」をベクトル的に考えるとどうなるか。

もちろん、方向性のことだけを心配して「努力のベクトルが間違ってるんじゃないのか」などとスポーツ選手にアドバイスすることもできます。ただがむしゃらに「努力すれば報われる」と信じて練習をしていても、その方向が間違っていたら上達はしません。

一方、努力の方向性は間違っていなくても、「量」が足りなければやはり上達はしないでしょう。こちらは「ベクトルが間違っている」ではなく、「ベクトルが小さい」という表現で現状を認識できます。それだけで、「方向性は正しい」という意味も同時に含まれるのですから、一石二鳥。「小さい矢印をもっと大きくしなければ」という具合に、自分がやるべきことをイメージしやすくなるのです。

努力のベクトルを「分解」「合成」してみる

また、「大きさ」という概念を合わせて考えるようになると、ベクトルの「**分解**」や「**合成**」のイメージも使えるようになります。

ベクトルの分解とは、ひとつのベクトルを2つのベクトルに分けること。その分け方は、平行四辺形を書くとわかります（図21）。もともとのベクトルが対角線のＡＣだとすると、これはＡＢとＡＤという2つのベクトルに分けることができる。分解してできたＡＢとＡＤのことを「**分力**《ぶんりょく》」といいます。

ベクトルの合成は、その逆パターン。ＡＢとＡＤの2つのベクトルを合成すると、ＡＣ

になります。つまり「$\overrightarrow{AB}+\overrightarrow{AD}=\overrightarrow{AC}$」という足し算が成り立つのです。

このイメージを使えば、努力の「分解」や「合成」を考えることができるでしょう。

たとえば受験勉強で英語の成績を上げようと努力しているなら、「英語の勉強」というベクトルを「単語ベクトル」と「長文ベクトル」などの2つに分解してみる。「英語」という方向に投入できる時間やエネルギーが一定なら、「単語」方向と「長文」方向にどれぐらいの時間やエネルギーを投入すべきかがイメージできます。

あるいは、やりたい習い事がいくつもあっ

図21　ベクトル

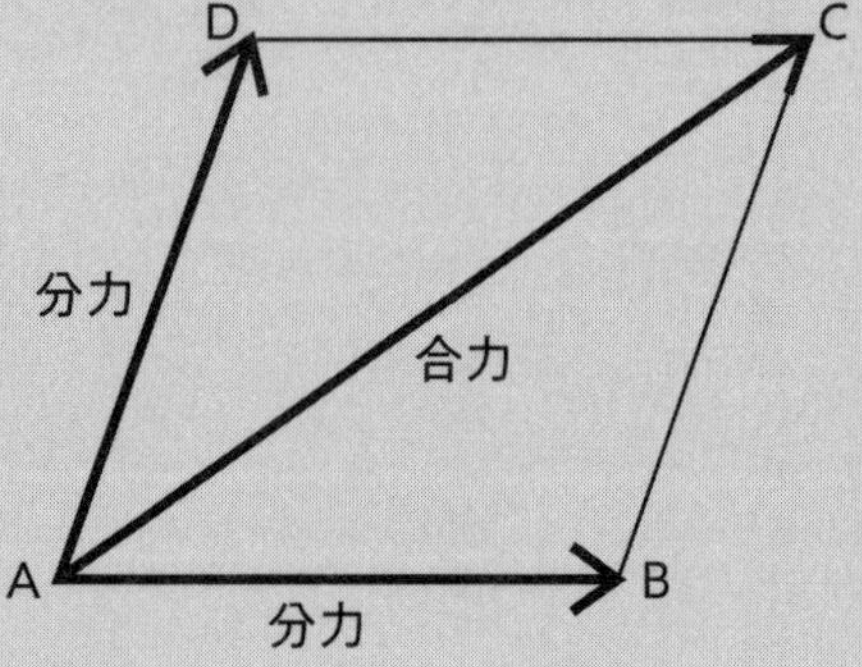

て、いろいろ手を出すのはいいけれど、どれも中途半端になっている人がいるとしましょう。料理教室に週1日、フランス語の学校には週2日、月に1度はテニスも習っている。どれも、なかなか上達しません。そんなときは、3つのベクトルを書いてみるのです。

いちばん長いのはフランス語方向、次に料理方向、いちばん短いのはテニス方向。そのうち、まず料理ベクトルとテニスベクトルを「合成」してひとつのベクトルにまとめます。さらに、その**「合力《ごうりょく》」**とフランス語ベクトルを合成すると、当然ながら3つのベクトルよりもかなり長いベクトルになる。どれかひとつに習い事を絞れば、ずいぶん上達するような気がするでしょう。

私の知り合いには、もっと極端に方向性を絞って努力した人がいます。単に「フランス語ができるようになる」ではなく、「フランス旅行をして現地の人とワインについて語り合う」ためにフランス語を勉強したのです。

そこまで方向がはっきりしていると、フランス語の勉強も無駄がなくなるでしょう。とにかくワインに関する文章を読み書きしたり、ワインについて喋《しゃべ》っているフランス人の話を聞いたりすることが勉強の中心になります。政治や社会問題などワインと関係ないジャンルに関する単語を覚える必要はほとんどありません。集中的に努力できる分、ベクトルの長さも延びるわけです。

結果的に、その人は本当にフランスに行き、ひたすらワインの話を楽しんできました。

努力をするときに大切なのは方向性と大きさの2つ。

そのバランスを考える上で、ベクトルのイメージは大いに役に立ちます。ただの「矢印」だと思っていては、数学を活用したことにはならならないのです。

使える！ ベクトル式思考のポイント

- ベクトルには「方向」と「大きさ」がある
- 努力をベクトル的に考えると、「方向」だけでなく「量（大きさ）」も必要だと理解できる
- 努力をベクトル的に「分解」や「合成」すると、足りないことに気づけたり、選択力がアップする

絶対値

●エネルギーの「振れ幅」に注目する

ベクトルは「方向」と「大きさ」を持つ量ですが、数学には「大きさ」だけを表わす概念もあります。「そんなのわかってるよ。1とか2とかの数は大きさだけでしょ」と思うかもしれませんが、そうではありません。

たとえば、「+1」と「−1」はどちらが大きいでしょう。ふつうは「+1」だと考えます。でも、座標軸に「+1」と「−1」を置いてみれば、原点からの長さは同じ。それなのに「+1のほうが大きい」といえるのは、それが原点よりもプラス方向（x軸なら右、y軸なら上）にあるからです。つまり、そこにはある種の「方向性」が加味されている。**純粋に「大きさ」だけを見れば、「+1」と「−1」はまったく同じ**なのです。

もうおわかりだと思いますが、これを**「絶対値が同じ」**といいます。物事の大きさを判断するときには、まずプラスかマイナスかは脇に置いて、この絶対値に目を向けなければいけません。そうすることによって、それが持つポテンシャルの大きさに気づくことがあるからです。

よく、小さい頃は暴れてばかりで親を困らせていた子どもが、あるときを境にスポーツや勉強で凄《すさ》まじい成長を見せることがあります。これは、もともと本人が持つエネルギーの絶対値が大きいということでしょう。

これについては、ニーチェもしばしば言及しています。犯罪者の中には大きなエネルギーの持ち主がいるので、それを全否定するのは必ずしも正しくない。それを主張するためにニーチェが引用したドストエフスキーの『死の家の記録』には、「この刑務所に入っている者たちの中には真にロシア的な人間がいる」という記述があります。

大きなエネルギーですばらしい作品を書いた作家たちの中にも、「マイナスのエネルギー」が大きかった人は少なくありません。芥川龍之介《あくたがわりゅうのすけ》、太宰治、川端康成《かわばたやすなり》、三島由紀夫といった文豪たちは、人生の終わりに自死を選びました。エネルギーの絶対値が大きいと、抱える絶望も深くなるのかもしれません。

その意味で、絶対値が大きいのは危険なことでもあるのかもしれませんが、その「振れ幅」が大きいからこそ価値のある仕事もできるという面があるのはたしかでしょう。ミュージシャンでも、たとえば、さだまさしさんや矢沢永吉《やざわえいきち》さんの借金額のスケールの大きさ（全額返済！）などを見ると、その絶対値の迫力に唸《うな》らされてしまいます。

また、絶対値の振れ幅は「プラスかマイナスか」だけではありません。

たとえばロックの曲には、大音量でガンガン演奏するハードなものもあれば、静かにしんみりと歌い上げるバラードもあります。そして、能力の絶対値の大きな人は、どちらをやらせても見事なものを作り上げる。

それを強く感じさせたのは、デビューから間もない時期のサザンオールスターズでした。デビュー曲の「勝手にシンドバッド」はタイトルも歌詞もハチャメチャなノリノリのロックナンバーでしたが、3枚目のシングルとして出てきたのが「いとしのエリー」。誰もがうっとりするような美しいバラードナンバーです。この振れ幅の大きさは、桑《くわ》田《た》佳祐《けいすけ》さんの持つ絶対値の大きさを強烈に印象づけました。

前にお話しした座標軸による価値判断も、絶対値思考を導入すると見え方が変わってくるでしょう。

x軸とy軸の座標に物事を配置すると、評価の低いものほど、より「左」になったり、より「下」になります。しかし絶対値に注目すると、「左」や「下」に置かれたものほど大きなポテンシャルを持っていることになる。だから、x軸とy軸を別の評価軸に入れ替えると一気に逆転現象が起きて、ダメだったものが第1象限にジャンプアップしたりするのです。

終章
数学は「理性」を発揮するためのトレーニング

なぜいま数学的思考が必要なのか

「冷静な議論」とは何か

これまでにも指摘してきましたが、いまの世の中は「論理」が蔑《ないがし》ろにされる場面が目立ちます。ネット上の論争の中には、大半が議論とは呼べない代物《しろもの》が見受けられます。ただひたすら攻撃的な罵倒語を投げ合っているだけ。テレビの討論番組を見ていても、声と態度の大きい人が強引な論法で相手を黙らせ、勝ったように見えることが少なくありません。

国会の論戦や政府の記者会見はいわずもがな。「問題はない」「指摘は当たらない」といった根拠なしの強弁や、論理性のかけらもない言い訳などがまかり通っています。まっとうな理屈がなかなか通らない。議論の土台そのものが揺らいでいるのが、いまの社会の大きな特徴であり、深刻な問題のひとつではないでしょうか。

ここまで本書では、微分や関数から集合やベクトルまで、中学や高校で教わる数学の道具をいろいろと取り上げてきました。文系人間にとっても数学的な思考は大切であることがよくわかっていただけたと思います。

なぜ、数学的思考が役に立つのか。端的にいってしまえば、それによって「物事を理性的に考えることができるから」です。

数学の世界には、感情の入る余地はありません。また、声や態度の大きさによって答えが変わることもありません。誰がどんな態度で答えようが、正解は正解、間違いは間違いです。あらゆる議論の土台には、そういう理性がなければいけません。

理屈も何もない乱暴な論争を前にすると、人はしばしば「もっと冷静に議論をしましょう」と呼びかけます。しかし興奮を抑えて冷静に話をすれば良い議論になるかというと、必ずしもそうではないでしょう。ただ「冷静に」と言っていても、それだけで理性的な議論になるわけではありません。

非理性的な議論のあり方を正したいのであれば、必要なのは数学的思考です。おそらく、「もっと冷静な議論を」という人の頭の中にあるのもそれでしょう。**「冷静な議論」とは、じつは「数学的な議論」のことなのだと思います。**

そのような理性は、単にまともな議論に必要であるだけでなく、私たちの暮らす近代社会の基礎として欠かすことができません。そして、**数学的思考という理性をとくに重んじたのが「近代哲学の父」とも呼ばれるルネ・デカルトです。**

「我思う、ゆえに我あり」はいかにも文系っぽい雰囲気のある言葉ですが、そのデカルト座標を含めて、物事を考えるときにいかに数学的な感覚が大事であるかを説いているのがデカルトだと私は思っています。

デカルトも「練習」して理性を身につけた

デカルトは同書の中で、**物事を考えるときに守るべき4つのルール**を掲げました。それまでに学んだ論理学、幾何学、代数学という「三つの学問の長所を含みながら、その欠点を免《まぬか》れている何か他の方法を探究しなければ」と考えた結果、「次の四つの規則で十分だと信じた」といいます。少し長くなりますが、そんなに難しい言葉で書かれてはいないので、引用しましょう。

〈第一は、わたしが明証的に真であると認めるのでなければ、どんなことも真として受け入れないことだった。言い換えれば、注意ぶかく速断と偏見を避けること、そして疑いをさしはさむ余地のまったくないほど明晰かつ判明に精神に現れるもの以外は、何もわたしの判断のなかに含めないこと。

第二は、わたしが検討する難問の一つ一つを、できるだけ多くの、しかも問題をよりよく解くために必要なだけの小部分に分割すること。

第三は、わたしの思考を順序にしたがって導くこと。そこでは、もっとも単純でもっとも認識しやすいものから始めて、少しずつ、階段を昇るようにして、もっとも複雑なものの認識にまで昇っていき、自然のままでは互いに前後の順序がつかないものの間にさえも順序を想定して進むこと。

そして最後は、すべての場合に、完全な枚挙と全体にわたる見直しをして、なにも見落とさなかったと確信すること。〉（デカルト『方法序説』谷川多佳子訳／岩波文庫）

いかがでしょう。ここまでお話ししてきた数学的思考のエッセンスがここに詰まっているように感じるはずです。そして、物事を理性的に考えるにはこの4つのシンプルな段取りさえ踏めばよいという発想自体が、私にはきわめて数学的な感覚だと思えます。「必要にして、かつ十分」な数にしぼり込む。数学的思考のすばらしさです。

デカルトは、自分で考えたこのルールに則って理性を使いこなせるようになるために、練習を重ねました。『方法序説』は、デカルト自身がその練習によって理性的な思考力を身につけるまでの道のりを綴《つづ》った体験手記のような本です。本文は100ページ程度の薄い本なので、ぜひ一度は読んでみるといいでしょう。デカルトが**理性を獲得するまでのプロセス**がじつに丁寧に書かれているので、私もよく自分の学生たちに読ませます。

社会を「前近代」に逆戻りさせないために

偉大な哲学者のデカルトでさえ練習しないとできるようにならないのですから、最初から理性的に物事を考えられる人間などいるわけがありません。理性的に考え、理性的に話し、理性的な議論を通じて理性的な意思決定をするには、それなりのトレーニングが必要です。

いまの社会でそれができていないとすれば、それは**「理性のトレーニング」が足りていない**からでしょう。だからこそ私は本書で、数学的思考の大切さについて述べてきました。**より良い社会にするには理性的な議論が必要であり、その理性を身につけるには数学的なトレーニングが不可欠だと考えるからです。**

デカルトは『方法序説』で近代の扉を開きました。そこで培《つちか》われた理性の力が、今日にいたるまで近代社会を支えてきたといってもいいでしょう。たとえば近代憲法の根幹にある人権という概念も、理性の支えなしでは成り立ちません。剝《む》き出しの感情やパワー重視の社会では、弱者を守るシステムも作れないでしょう。
しかし昨今の世の中を見ていると、人々がその理性をすり減らしてしまい、社会全体が前近代へ逆戻りしつつあるようにさえ感じます。それを食い止めるには、あらためて理性の大切さを見直し、それを鍛えなければなりません。

そう考えると、**いまはかつてないほど数学的思考が強く求められる時代**だといえるでしょう。「何の役に立つかわからない」などといって、数学を毛嫌いしている場合ではありません。

社会の重要な意思決定に加わることの多い人間ほど、数学的思考が必要です。
数学というすばらしい思考ツールの存在意義をよく理解し、それを存分に活用する文系人間が増えることを願っています。

参考文献&おすすめ入門書

あらためて数学の勉強をやり直したい方へのおすすめ書籍も挙げておきますので、参考にしてください。

髙橋秀裕 監修『ニュートン式 超図解 最強に面白い!! 微分積分』(ニュートンプレス)
今野紀雄 監修『ニュートン式 超図解 最強に面白い!! 確率』(ニュートンプレス)
神永正博『「超」入門 微分積分』(講談社ブルーバックス)
西成活裕『とんでもなく役に立つ数学』(角川ソフィア文庫)
西成活裕『とんでもなくおもしろい仕事に役立つ数学』(角川ソフィア文庫)
齋藤和紀『シンギュラリティ・ビジネス――AI時代に勝ち残る企業と人の条件』(幻冬舎新書)
ノーム・チョムスキーほか 吉成真由美 インタビュー・編『人類の未来―AI、経済、民主主義』(NHK出版新書)
デカルト 著、谷川多佳子 訳『方法序説』(岩波文庫)

数学的思考《すうがくてきしこう》ができる人《ひと》に世界《せかい》はこう見《み》えている
――ガチ文系《ぶんけい》のための「読《よ》む数学《すうがく》」

令和2年3月10日　初版第1刷発行

著　者　齋《さい》藤《とう》　孝《たかし》
発行者　辻　浩明
発行所　祥《しよう》伝《でん》社《しや》
〒101-8701
東京都千代田区神田神保町3-3
☎03(3265)2081(販売部)
☎03(3265)1084(編集部)
☎03(3265)3622(業務部)
印　刷　萩原印刷
製　本　ナショナル製本

ISBN978-4-396-61722-6 C0041
Printed in Japan
祥伝社のホームページ・www.shodensha.co.jp